5G时代的高通量卫星通信

李新华 编著

辽宁科学技术出版社

·沈阳·

内容简介

全书重点围绕HTS的最新通信技术展开论述，涵盖了灵活载荷技术、智能信关站分集技术、高效传输新技术、基于软件定义网络和网络功能虚拟化的卫星通信网络技术等。本书在突出下一代高通量宽带卫星通信特点的基础上，兼顾内容的基础性和完整性，对当前的高通量卫星通信系统的建设也具有较高的实际应用参考价值。

本书可以作为从事卫星通信专业的工程技术人员、科技工作者和相关专业高校师生的参考书。

图书在版编目（CIP）数据

5G时代的高通量卫星通信 / 李新华编著. —沈阳：辽宁科学技术出版社，2022.6（2024.6重印）

ISBN 978-7-5591-2534-7

Ⅰ.①5… Ⅱ.①李… Ⅲ.①卫星通信系统 Ⅳ.①TN927

中国版本图书馆 CIP 数据核字（2022）第088007号

出版发行：辽宁科学技术出版社
（地址：沈阳市和平区十一纬路 25 号 邮编：110003）
印 刷 者：沈阳丰泽彩色包装印刷有限公司
经 销 者：各地新华书店
幅面尺寸：170mm×240mm
印 张：15
字 数：260千字
出版时间：2022年6月第1版
印刷时间：2024年6月第2次印刷
责任编辑：陈广鹏
封面设计：颖 溢
责任校对：李淑敏

书 号：ISBN 978-7-5591-2534-7
定 价：68.00元

联系电话：024-23280036
邮购热线：024-23284502
http：www.lnkj.com.cn

前　言

2020年4月，我国首次将卫星互联网纳入新基建范畴，卫星互联网建设上升至国家战略性工程，由此可以预计我国卫星互联网产业将蓄势待发，迎来快速发展的契机。从我国的实际情况出发，建设纯低轨的卫星互联网星座可能并不现实，因为会受到可能存在的全球地面布站限制和频率资源匮乏限制。因此，我国可能会考虑采用高低轨星间链路空间组网、高低轨卫星联合组网的方式，发挥高轨卫星与低轨卫星各自的优势，根据服务需求和覆盖区域内的业务量在不同类型轨道卫星之间动态分配业务，提高网络全时全域的连通性。

目前，地面无线通信已经进入5G时代。5G有增强移动宽带（eMMB）、大规模机器通信（mMTC）、高可靠低时延通信（uRLLC）三类场景，有高速、泛在、低功耗、低时延四大基本特点。5G万物互联愿景对网络带宽、地域覆盖和传输时延都有不同程度的需求，也必然要求组合应用各种技术。从需求、应用、技术等多个维度判断，当前卫星互联网与5G是互补关系。高轨高通量/甚高通量卫星通信系统作为卫星互联网的重要组成部分，将与地面5G移动通信系统有机融合，从而为实现6G奠定基础。

本书第1章首先概述了卫星互联网卫星的分类及其发展现状，然后对高轨高通量卫星与低轨星座优劣势进行了分析，最后给出了卫星互联网核心应用场景及发展趋势。第2章系统地介绍了高轨甚高通量卫星通信系统的国内外发展现状、频谱资源情况以及面临的问题及挑战。第3章提出了甚高通量卫星通信系统的系统架构，并详细介绍了各组成部分。第4章讲述了卫星灵活有效载荷，作为（甚）高通量卫星通信系统的关键一环，其在波束覆盖、频谱带宽、功率分配、交换路由等维度具备一定按需配置和重构升级能力。第5章讨论了（甚）高通量卫星馈电链路抗雨衰技术。第6章介绍了智能信关站分集技术，包括N-active频分多路复用技术和时分多路复用技术。第7章首先介绍了DVB-S2X/RCS2提出的背景，然后分析了DVB-S2X/RCS2相比DVB-S2/RCS的新特征，最后对DVB-S2X/RCS2波形实现的关键技术进行了深入的剖析。第8章介绍了软件定义网络（SDN）和网络功能虚拟化（NFV）技术以及它们在（甚）高通量卫星通信网络中的应用。第9章讨论了高通量卫星通信技术发展趋势，包括跳波束技术、软件定义卫星技术以及卫星网络与地面网络融合技术，并对这些技术未来的发展趋势进行了展望。

在本书编写过程中，作者参考了很多国内外著作及文献，在此对相关作者表示感谢。由于作者水平有限，书中难免存在疏漏和错误，敬请读者批评指正。

编著者

2021年12月

目　录

1 卫星互联网及其应用

卫星互联网是基于卫星通信的互联网，通过一定数量的卫星形成规模组网，从而辐射全球，构建具备实时信息处理的大卫星系统，是一种能够向地面和空中终端提供宽带互联网接入服务的新型网络。卫星互联网的实现需要依靠高通量卫星（HTS），包括高轨道高通量卫星（GEO-HTS）、中轨道高通量卫星星座（MEO-HTS）和低轨道高通量卫星星座（LEO-HTS）。

1.1 卫星互联网概述

2020年4月20日，国务院国资委和国家发改委明确新基建的范围，卫星互联网成功"晋级"新基建战略。目前，陆地移动通信服务的人口覆盖率约为80%，但受制于经济成本、技术等因素，仅覆盖了约20%的陆地面积，小于6%的地表面积。卫星互联网可以解决海洋、森林、沙漠等偏远地区船舶、飞机、科考的宽带通信问题，成为地面移动通信的有益补充。

实现卫星互联网所必需的高通量卫星是指使用相同带宽的频率资源，而数据吞吐量是传统通信卫星数倍甚至数十倍的通信卫星，实现通信容量达数百Gbit/s甚至Tbit/s量级。高通量卫星能大幅降低每比特成本，可以经济、便利地实现各种新应用，已成为真正改变卫星通信行业游戏规则的技术。

高通量卫星按轨道可划分为地球同步静止轨道（GEO）和非静止轨道（NGSO）两种类型卫星，当前在轨应用的高通量卫星以GEO-HTS为主，但NGSO-HTS星座项目的实施将对GEO-HTS的增长产生一定程度的影响。根据欧洲咨询公司于2017年6月发布的《高通量卫星：垂直市场分析与预测》，全球30家卫星运营商在高通量卫星系统方面的总承诺投资额已达到近190亿美元。2017—2025年预计将有大约100次GEO-HTS发射，平均每年发射11次，并将至少发射一个LEO-HTS星座。预计高通量卫星在2017—2025年期间将产生360亿美元以上总收入，到2025年HTS容量的租赁收入将超过60亿美元，届时单位带宽成本将大幅降低。美国北方天空研究公司持有相似的预期，据其《全球卫星容量供应和需求（第14版）》分析，到2026年约60%的通信容量来自LEO-HTS星座，其余则来自GEO-HTS。总之，GEO-HTS和LEO-HTS星座之间存在竞争，但又并存发展。

高低轨卫星联合组网，单星与星座互补是未来发展的趋势。高轨卫星与低轨卫星各有优势，在能力上相互补充，且低轨卫星组网周期长、频率及轨位紧张、需要的关口站更多，GEO+LEO复合型轨道可形成更灵活的覆盖方案，根据服务需求和覆盖区域内的业务量在不同类型轨道卫星之间动态分配业务，提高网络全时全域的连通性。同时，高低轨卫星联合组网的方式有助于优化部署规模，高效建立起具备全球无缝覆盖及服务能力的卫星互联网星座。卫星互联网天地一体化拓扑图如图1-1所示。

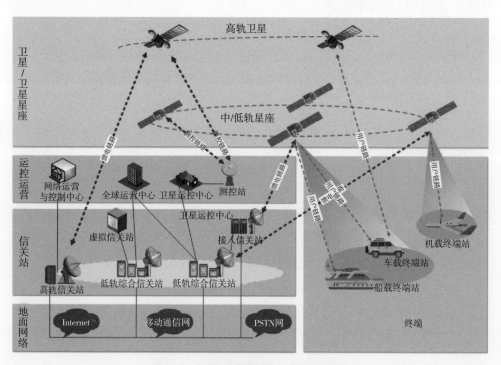

图1-1　卫星互联网天地一体化拓扑图

1.1.1 高通量通信卫星

按轨道分，HTS分为GEO-HTS和Non-GEO HTS两大类，Non-GEO HTS又分为中轨道（MEO）和低轨道（LEO）两种。

1.1.2 信关站

高轨卫星信关站由位于GEO-HTS馈电波束内的多个信关站组成，彼此通过地面网络相连接。信关站具备网络管理、设备管理和用户管理功能，支持用户接入认证及网络入侵检测，并可实时监控信关站和终端站设备的运行状态，统计并上传日志信息、故障信息、报警信息，用于远程维护。

中低轨星座信关站网承接卫星业务信息处理交换和随路遥控功能，完成卫星互联网终端入网认证管理、用户鉴权管理、移动性管理、会话管理、运营支撑以及与地面公网或地面专网系统互联互通等功能。信关站网是连接天地网络的枢纽节点，保障用户终端业务接入，与公网和用户业务网络实现互通互联。为适应不同区域、不同应用场景和业务支撑类型，结合可用度要求信关站分为综合信关站、接入信关站、虚拟信关站。综合信关站作为区域服务枢纽节点，配备综合网管、核心网、多个接入网，支持多种业务，接入公网和专网。接入信关站配备接入网，与综合信关站同城异址建设，降低雨衰影响，提高信关站Q/V频段馈电链路可用度。虚拟信关站配备核心网部分网元，主要部署在境外，就近接入综合信关站，连接所在国本地运营商网络。

1.1.3 用户终端站

用户终端站为用户提供卫星互联网接入服务，可提供话音、数据传输等多种类型业务。根据用户使用场景不同可以分为固定站、便携站、车载站、船载站和机载站等类型。高轨卫星终端通常使用一副抛物面或平板天线，低轨卫星通信终端通常使用两副抛物面天线（通信过程中卫星切换）或一副二维电扫平板相控阵天线。

1.1.4 运控运营中心

高轨卫星网络运营与控制中心具有业务支持、运行支持、信关站网络管理和设备监控管理的功能，可单独建设并通过传输网与其他系统互连或与信关站共址建设。低轨星座网络运营与控制中心负责全球所有信关站网的资源调度、卫星载荷管理、系统运行监视、星地资源健康评估等，可单独建设并通过传输网与其他系统互连或与信关站、全球运营管理中心共站建设。

全球运营中心管理全球计费和账务信息，负责收集全球各大区信关站的卫星及用户业务使用情况，实现与各大区的资费结算，可单独建设并通过传输网与其他系统互连或与信关站、网络运营与控制中心共站建设。

卫星运控中心和测控站负责卫星在轨运行期间的长期管理控制工作，包括对卫星平台的测控管理与对卫星有效载荷的运控管理，完成对卫星进行轨道保持、机动变轨、遥测监视和载荷遥控的任务。

卫星互联网目标定位为向光纤和手机基站无法或难以覆盖的人群提供上网服务。事实上，在有光纤覆盖的城镇地区，卫星宽带的竞争力极其有限。例如，现在商用光纤已能以单纤16Tbit/s（单波200Gbit/s×8）的容量实现3000km无中继传输，而StarLink第一期计划部署的4425颗卫星单星容量为17~23Gbit/s，整个星座容量才100Tbit/s。此外，低轨卫星天然具有全球覆盖性，而地球表面70%以上为海洋和荒野，因此存在容量浪费。有学者根据地表人口分布模型，测算出StarLink容量利用效率为25.1%，整个星座有效容量约为23Tbit/s。假设StarLink第一期星座服务100万用户，则户均容量约为23Mbit/s，远低于光纤宽带的速率。

卫星互联网在系统容量、流量密度、网络覆盖、终端类型等方面与5G蜂窝网络相比存在极大劣势，将主要服务地面蜂窝网络无法覆盖的区域，与5G主要是互补的关系而不是竞争的关系。就发展阶段来说，卫星互联网已经经历了与地面通信网络竞争阶段、对地面通信网络补充阶段，正在逐步走向与地面通信网络融合的新阶段，成为新一代信息基础设施的重要组成部分。就在卫星通信与5G加速融合的同时，6G的前瞻性研究已经开启。不同于5G仍是地面移动通信，6G将着力解决海陆空天覆盖等地域受限的问题，拓展网络在人类生活环境空间方面的广度和深度，进一步向空天地海一体化延伸。建成后，将实现全球无缝覆盖，形成人、事、物全面关联的互联网。ITU、CNDP等国际标准化组织明确提出了卫星接入是移动通信的接入手段之一，未来6G标准工作中预计一半是空天地一体化内容。

1.2　卫星互联网卫星分类及发展现状

根据轨道高度，卫星可以分为典型高度为500~2000km的低地球轨道（LEO）卫星、典型高度为8000~20000km的中地球轨道（MEO）卫星和高度约35786km的对地静止轨道（GEO）卫星等。其中，高轨道卫星具有覆盖优势，单颗GEO卫星可覆盖近1/3地球表面积。相比之下，低轨卫星具有发射成本低、距离地面近、传输时延短、路径损耗小、数据传输率高等优点，有利于地面终端的小型化，能以更小的信号功率被低轨卫星接收。

1.2.1　GEO-HTS

高轨高通量卫星（GEO-HTS）系统采用多点波束和频率复用，在获得相同的频谱资源条件下，其吞吐量是传统宽波束卫星的数十倍甚至数百倍。目前全球已有几十个卫星运营商投资建造了数十颗GEO-HTS卫星，其中典型卫星的性能如表1-1所示。GEO-HTS的点波束数量由2005年的100路左右，增长到目前的

表1-1　国外GEO-HTS典型卫星的性能

卫星名称	发射时间	点波束数	单星容量 （Gbit/s）	用户速率 （Mbit/s）	质量 （kg）	寿命 （年）
IPstar	2005年8月	102路Ku	45	5/4	6486	12
Ka-sat	2020年12月	82路Ka	75	22/6	6150	15
ViaSat-1/ ViaSat-2	2011年10月 2017年6月	72路Ka/ 100以上Ka	140 300	50/3	6740 6418	15 14
Jupiter-1/ Jupiter-2	2012年7月 2016年12月	60路Ka/ 120路Ka	100 220	25/3	6100 6637	15
Inmarsat-5F1/ Inmarsat-5F2/ Inmarsat-5F3/ Inmarsat-5F4/	2013年12月 2015年2月 2015年8月 2017年5月	95路Ka	100	50/5	6070 6070 6070 6086	15
Jupiter-3	2022年	—	500	100/-	—	15
ViaSat-3	2022年	1000路Ka	1000	100/-	6400	15

注：—表示暂无确切数据。

1000路，单星容量也呈现指数增长的趋势，如图1-2所示。所有在轨GEO-HTS中容量最高者是卫讯公司的ViaSat-2，正在为北美地区提供最高50/3Mbit/s的卫星宽带服务。已经签订制造合同并预计2022年发射的Jupiter-3属于休斯公司，计划覆盖北美洲地区。此外，卫讯公司计划2022年开始发射3颗单星容量1Tbit/s的ViaSat-3卫星，分别覆盖北美洲、欧洲和亚太地区，将提供下行100Mbit/s以上的卫星宽带。

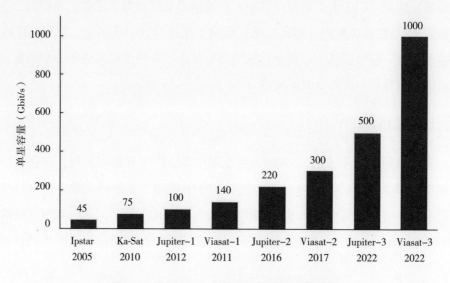

图1-2　国外GEO-HTS典型卫星的单星容量

1.2.2　MEO星座

O3b星座系统是全球第一个成功投入商业运营的中地球轨道（MEO）卫星通信网络，利用Ka频段卫星通信技术，提供具备光纤传输速度的卫星通信骨干网，主要为地面网接入受限的各类运营商或集团客户提供高速、宽带、低成本、低时延的互联网和移动通信服务。

O3b星座的第一代卫星由泰雷兹·阿莱尼亚空间公司（TAS）承研，从2013年开始发射部署，每4颗卫星一组发射，8颗卫星一个编队运行，至今已完成全部5组次发射，在轨卫星20颗，其中2颗卫星设为待命模式，用作在轨备份。O3b星座的第一代卫星均运行在相同的轨道面上，即8060~8072km高度、0.03°倾角的赤道上空MEO轨道，轨道周期为287.92min。O3b星座可以为全球南北纬50°之间的区域提供高吞吐量卫星通信服务，扩展服务的覆盖范围为南北纬50°~62°。

由于O3b系统位于MEO，因此比起GEO卫星，系统延迟大大降低，仅为150ms，O3b卫星系统的服务时延为150ms，比GEO卫星的500ms减少了75%[1]。O3b星座无星间链路，因此实时通信要求在全球多个地点布设地面站。目前，O3b系统已经在全球9个地点部署了地面信关站，分别是夏威夷、美国西南部、秘鲁、巴西、葡萄牙、希腊、中东、澳大利亚西部和东南部。

为保证地面终端的不间断通信，需要不断进行跨星切换操作，地面终端需要具备双波束或波束捷变的能力，以保证能够同时与2颗卫星建链。为实现双波束的能力，O3b地面终端配置抛物面形式的双天线，如图1-3所示。

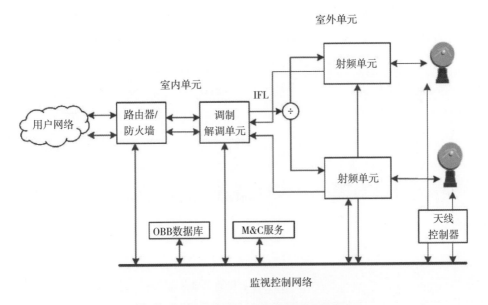

图1-3 O3b双抛物面天线地面终端组成图

2014年9月1日，O3b公司正式在太平洋、非洲、中东和亚洲地区提供商业服务，政府机构和美国军方是其重点用户。2017年，SES公司收购O3b公司后，O3b星座系统由SES公司运营，业务应用涉及骨干网、地面移动网干线、能源、海事和政府通信等几大领域。系统可分别针对不同的应用领域提供不同的速率和服务。例如，针对政府通信可以提供保密线路；针对地面移动网干线可以提供基站间通信业务；在能源领域可以利用其低时延特性实现一些实时性要求较高的音视频通信等业务，也可以提供大量带宽用于远程资产监控，还能改善边远及海上油气田工作人员的业余生活；海事应用主要针对游轮用户，可以为旅客提供近似于陆地宽带的用户体验，流畅运行各种社交软件、视频通信软件。

O3b星座第二代卫星（O3b mPower）由波音卫星系统公司（BSS）研制，预计将于2022年以后开始发射部署，致力于通过卫星星座实现全球连接。O3b第二代星座具有规模可变能力，初期将由7颗高通量中轨卫星组网，设3万个宽带互联网服务点波束，通信总容量将达10bit/s。O3b星座未来将融入SES的空间系统舰队，由此实现GEO与MEO融合的服务体系，来提供更有针对性的网络接入。

1.2.3 LEO星座

低轨移动卫星通信系统的发展经历了三个阶段。第一个阶段以铱星系统为代表，企图替代地面移动通信系统，与地面移动通信系统是相互竞争的关系，由于高昂的维护成本和运营服务费用，铱星系统没有竞争力。第二个阶段以IridiumNEXT、GlobalStar Ⅱ等为代表，是地面移动通信系统的补充和备份。随着低轨移动卫星通信系统技术成熟，成本降低，低轨移动卫星通信应用时机已经成熟，成为投资热点。目前已经发展到了第三个阶段，与地面移动通信系统相互融合，相互促进，形成真正的天地一体通信网络。

国外主要低轨卫星星座Telesat、StarLink、OneWeb和Kuiper的发展现状如表1-2所示。

表1-2　国外主要低轨卫星星座[2]

星座名称	卫星数量（颗）	单颗星的容量（Gbit/s）	部署情况（截止到2021年11月）	系统进度	所有权
Telesat	298	8.3	在轨1颗星	预计2022年发射78颗星，开始提供商业服务	加拿大Telesat公司
StarLink	42000	9.0	在轨1753颗星	2021年10月正式商用，2024年部署完成4408颗星	美国SpaceX公司
OneWeb	716（申请47844颗卫星计划）	13.3	在轨358颗星	2022年部署完成，并提供商业服务	印度Bharti Airtel公司（55%）；英国政府（45%）
Kuiper	3236	65.1	尚未发射	2022年首发星，预计2025年部署完成	美国亚马逊公司

SpaceX公司自2014年宣布建设StarLink（星链）星座以来，已发展成在轨卫星数量最多、发射频度最快、技术最变革的低轨星座系统。2019年10月，SpaceX公司向国际电信联盟ITU报送了3万颗卫星的网络资料，而后在2020年5月将更详细的申请提交至美国联邦通信委员会（FCC）。这一期3万颗卫星代号为StarLink Gen2（Generation 2，第二代），在原4409颗星座的Ku、Ka频段基础上，增加了E频段，同时也考虑采用星间链路。

截止到2021年6月，Starlink卫星通信星座已经完成首批1740颗卫星的发射任务，轨道高度为550km，分布在72个轨道面上。这些卫星通信采用Ku和Ka频段，倾角53°[3]，单颗卫星重约260kg，天线覆盖范围为64万km²，服务纬度为44°~52°，在轨寿命为1~5年，预计2022年星座将配备星间链路，可有效覆盖极地地区。

StarLink Gen2是SpaceX公司于2020年5月提交至FCC申请的新一代大型低轨星座，也就是我们常说的3万颗星的那个系统。据SpaceX公司提交至FCC申请中显示，本次申请的3万颗卫星工作的轨道高度较低，分布在328~614km共计75个轨道面上。表1-3为StarLink Gen2的星座构型分布。

表1-3　StarLink Gen2星座构型分布

子星座	轨道高度（km）	倾角（°）	轨道面数（个）	每面卫星数（个）	卫星总数（个）
1	328	30	1	7178	7178
2	334	40	1	7178	7178
3	345	53	1	7178	7178
4	360	96.9	40	50	2000
5	373	75	1	1998	1998
6	499	53	1	4000	4000
7	604	148	12	12	144
8	615	115.7	18	18	324
合计			75	—	30000

StarLink Gen2系统将在每个卫星有效载荷上利用先进的相控阵波束成形、数字处理技术，以便高效利用频谱资源，并与其他天基和地面许可用户灵活共享频谱。用户终端将采用高度定向的可调向天线波束，以跟踪系统的卫星。对于关口站而言，将生成高增益定向波束预与星座内多个卫星进行通信。值得注意的是，SpaceX正在开发星间激光链路，并期望将其部署在Gen2系统上，以提供无缝的网络管理和服务连续性。

StarLink的用户终端采用相位合成平面阵列天线，一个维度使用一个电机机械转动，另一个维度使用一维相控阵，可在多星间无缝切换，尺寸将只有"披萨大小"，且"即插即用"，如图1-4所示。在2020年3月举办的美国2020卫星大会上，马斯克声称StarLink用户终端看起来就像"一根棍子上的UFO，带有电机来调整它们的指向，用户安装很方便"。可见其用户终端将采用机械调向平板天线以降低成本，但其价格和性能能否适应消费者宽带市场仍有待观察。

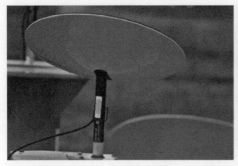

图1-4　StarLink用户终端实物图

StarLink用户终端的特点包括：

• 操作简单，用户只要将终端机接上电源，指向天空，便可使用；凡是能看到天的地方就会自动接入高速率、低延迟的宽带网络，根本不用事先阅读说明书或者接受操作培训。

• 终端机自带电动机，全自动调节接收角度，从而为用户提供最佳的信号。

• 像飞碟的接收天线直径约为0.23m，初期售价500美元左右，最终售价预计会低至200美元。

星链太空互联网全面建成后，将真正做到宽带互联网遍布世界，地球全覆盖，全球无死角。地球上任何地方任意时间，至少会有3颗星链卫星与之链接。

只要能看到天的地方就可轻松接入星链宽带网络，为每个终端提供最高1Gbit/s（与5G速率相当）、延迟时间15~20ms的高品质服务。

StarLink星座聚焦数据传输服务，但与5G地面蜂窝网络不具可比性。当下互联网接入需求发生了很大的变化，抢占互联网入口已经成为互联网内容和服务提供商的首选，StarLink星座也以提供消费者宽带接入为主要目标。但是从系统容量、流量密度、网络覆盖、终端类型等方面看，StarLink星座与5G的系统性能和应用场景差别很大，对5G市场的影响有限。

第一，系统容量方面，卫星星座远小于蜂窝系统。StarLink星座第1期4425颗卫星的系统容量约100Tbit/s，有效容量约23Tbit/s。假设每个用户平均需要10Mbit/s容量，那么StarLink最多支持230万用户。而根据2019年GSMA《移动经济》报告，2018年全球4G连接数已达34亿，到2025年全球5G连接数将达14亿。因此StarLink即使将其容量完全销售出去，其市场份额也远低于蜂窝系统。

第二，流量密度方面，卫星星座比5G蜂窝系统低7个数量级。StarLink卫星用户下行总带宽为2GHz，频谱效率约为2.7bit/（s·Hz），因此单个点波束最大容量约为5.4Gbit/s，而每个波束覆盖地表约为2800km^2，因此其流量密度约为2Mbit/（s·km^2），比5G系统所能支持的10Tbit/（s·km^2）低7个数量级。世界主要城市人口密度普遍在1000人/km^{2}以上，假设人均需要10Mbit/s的通信容量，则城市地区需要的容量密度高于10Gbit/（s·km^2）。因此，城市地区的容量需求只有地面网络能够满足，StarLink星座只适用于人口稀疏的偏远陆地、海事或航空等场景。

第三，网络覆盖方面，卫星通信与蜂窝通信有不同的适用领域。一方面，偏远陆地、海洋、高空等蜂窝系统基本不能覆盖的领域，适合使用卫星通信。另一方面，卫星通信虽然理论上能无缝覆盖全球，但HTS系统常用的Ku和Ka频段穿透能力差，依赖于视距传输。因此，在城市高楼之下和室内应用等场景，卫星信号的覆盖能力严重不足，更适合使用蜂窝通信。

第四，终端类型方面，卫星宽带地面终端的尺寸、重量、功耗、价格均显著高于5G终端。蜂窝通信传输距离在1km以内，LEO卫星传输距离在500km以上，路径损耗比蜂窝通信高50dB以上，因此卫星通信地面终端需要高增益的抛物面天线或者平板天线，天线口径一般在35cm以上，天线重量、功耗、价格均远高于5G用户终端。

1.3 GEO-HTS与LEO星座优劣势比较

在单星覆盖范围、卫星寿命、传输时延、路径损耗、地面终端配置等方面，GEO-HTS与LEO-HTS星座各有优劣[4]，见表1-4。

表1-4 GEO-HTS和LEO-HTS星座优劣势比较

属性	GEO-HTS星座	LEO-HTS星座
覆盖能力	覆盖广，但由于倾角为0，难以实现南北极覆盖	大量卫星组网可形成全球稳定覆盖
时延	传播时延约为270ms	3000km高度计算，时延约20ms，跨两星间时延为6.7ms
链路能力	空间链路损耗较高	低轨卫星上行链路能力较高轨GEO卫星提升10倍以上
关口站	对于100Gbit/s的GEO宽带/高通量卫星，需要布署15~20个关口站，采用异地多站（或多天线）的部署方式	卫星多，需要的关口站数量更多，每个关口站需要配置多路天线及射频通道对多星
终端	地面终端简单，技术能力较为成熟，已经实现高集成度和小型化，而且已达到消费级价格	固定类终端需要配置伺服跟踪系统，需要配置抛物面形式的双天线或配置相控阵天线，成本高
系统容量效率	单星设计容量大，波束效率高，有效单位成本更低	利用效率低，需要平衡峰值需求及有效利用容量

以上优劣对比是由不同卫星轨道的物理特性，以及电磁波传输原理所决定的。这些因素共同发挥作用，对LEO-HTS和GEO-HTS的市场竞争力有深刻影响，其中最重要的几个方面如下所述。

1.3.1 LEO-HTS单位容量成本与GEO-HTS基本相当

GEO卫星相对于地表静止，因此可以将全部容量投送到地面指定区域；LEO星座可提供全球无缝覆盖能力，但由于地表70%以上是海洋和荒野，其容量覆盖效率很低。此外，GEO卫星寿命一般在15年以上，LEO卫星由于大气阻力寿命只有5~8年。如表1-5所示，考虑到仅有限的覆盖效率之后，StarLink星座的单位容量成本为287美元/Mbit/s，低于GEO卫星ViaSat-2的1750美元/Mbit/s与ViaSat-3的500美元/Mbit/s；进一步考虑到卫星寿命的差别之后，StarLink的单位容量月度成本为4.8美元/Mbit/s，介于GEO卫星ViaSat-2和ViaSat-3之间。

表1-5　GEO-HTS（ViaSat）与LEO-HTS（StarLink）容量成本对比[5]

卫星/ 星座	有效容量 （Tbit/s）	制造发射成本 （亿美元）	单位带宽成本 （美元/Mbit/s）	寿命 （年）	单位带宽月度成本 （美元/Mbit/s/Mon）
ViaSat-2	0.3	5.3	1750	15	9.7
ViaSat-3	1	5	500	15	2.8
StarLink	23.7	68	287	5	4.8

1.3.2　LEO-HTS传输时延远低于GEO-HTS

　　LEO星座的时延在30ms左右，与地面网络接近，远低于GEO-HTS的480ms。但是目前视频通话、视频点播、网页浏览等大部分宽带应用，要么对传输时延不敏感，要么可以通过TCP应答削减、报头压缩、应用层加速等技术克服GEO-HTS的传输时延。例如，卫讯公司和休斯公司的GEO-HTS在北美地区已为200万用户提供卫星宽带，同时也早已开展3G/4G基站回传业务。此外，对于网络游戏、金融交易、虚拟现实等时延敏感业务，LEO星座确实优于GEO-HTS，但这些业务也是地面光纤的优势领域。

1.3.3　决定LEO-HTS生死的地面终端平板天线技术目前还不成熟

　　GEO卫星到地面终端的路径损耗约210dB，StarLink低轨卫星则约为180dB，因此低轨卫星具有30dB的优势。但GEO-HTS采用的大卫星平台支持更大发射功率，可以部分弥补其路径损耗。例如，ViaSat-1的下行EIRP值可达60dBW，而StarLink单颗卫星下行发射EIRP仅36dBW，考虑到低轨卫星路径损耗的优势，StarLink在地球表面的信号强度会高出6dB。这意味着为了获得同样的频谱效率，StarLink地面终端需要的天线孔径约为ViaSat-1的1/2。然而，GEO-HTS相对地面静止，地面固定终端可以使用传统抛物面天线，船载低速移动终端可以使用机械调向的抛物面天线，机载高速移动终端才需要使用相控阵平板天线；LEO卫星相对地面高速运动，StarLink卫星过顶时间在20min以内，因此其地面固定终端也必须使用平板天线。但是目前平板天线价格普遍在1万美元以上，远高于50美元左右的抛物面天线，因此在卫星宽带需求最大的消费者宽带市场，LEO星座与

GEO-HTS相比反而存在较大的劣势。

1.3.4 LEO-HTS面临严峻的落地监管问题

GEO-HTS的波束覆盖范围可以预先设定，但是LEO星座天然具有全球无缝覆盖的特点，如果只获准进入少数国家和地区，将造成巨大的容量浪费。面向最终客户的基础电信运营均受一定程度的监管，目前贸易保护主义蔓延，外国基础电信运营商在各国落地面临更大困难。例如，2019年8月OneWeb向俄罗斯国家委员会申请无线电频率，但未获批准，原因可能是俄罗斯担心无法控制OneWeb卫星的服务。因此，全球落地监管是LEO星座系统面临的又一个巨大挑战。

综合分析，LEO-HTS与GEO-HTS各有优劣，这决定它们各有其适用领域。卫星宽带有消费者宽带、基站回传与中继、企业与政府、海事、航空、军事、视频广播七大类应用。因为波束覆盖、传输时延、用户场景的不同，GEO-HTS、LEO-HTS和GEO宽波束卫星三类宽带卫星在不同领域有不同适用程度，表1-6将其分为高、中、低三挡进行对比。从中可得出如下结论：

表1-6 GEO-HTS、LEO-HTS和GEO宽波束卫星不同场景适用程度

场景	GEO-HTS	LEO-HTS	GEO宽波束
消费者宽带	高	中	低
基站回传与中继	中	高	低
企业与政府	高	高	中
海事	高	高	中
航空	高	高	中
军事	高	高	高
视频广播	中	低	高

（1）在消费者宽带领域，GEO-HTS适用度最高，LEO-HTS目前缺乏低成本的消费级地面终端，其适用度为中。

（2）在基站回传与中继领域LEO-HTS有一定优势，主要是由于其低时延特性。

（3）在企业与政府、海事、航空、军事四大领域，GEO-HTS与LEO-HTS的适用度均为高，将产生激烈的市场竞争。

知名咨询公司NSR和Euroconsult对卫星通信市场份额的预测，在一定程度上佐证了以上分析，如图1-5和图1-6所示。虽然两家公司统计口径的差异导致总量预测值有差别，但两家公司的预测结果一致认为，到2028年卫星通信的收入主要被HTS系统占据，而且GEO-HTS的收入占比将超过Non-GEO HTS。

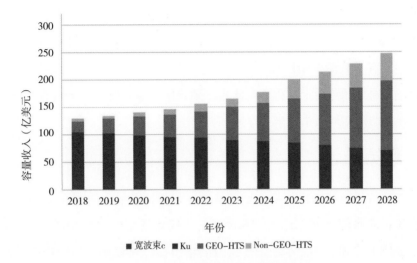

图1-5 NSR对卫星通信市场份额的预测

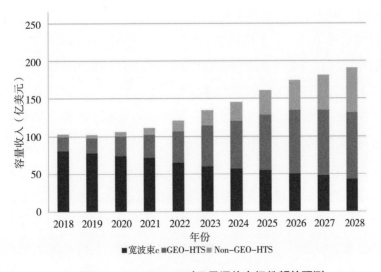

图1-6 Euroconsult对卫星通信市场份额的预测

1.4 卫星互联网发展趋势

卫星互联网具有不可替代的覆盖优势，是5G之补充，6G之初探。卫星互联网可被视为5G接入网的一种，可与地面共用核心网，在星上通过部署信号处理、链路层、网络层交换路由等功能模块实现空口协议处理及路由转发。6G将是"5G+卫星网络"，即在5G的基础上集成卫星网络来实现全球覆盖。6G将建立空、天、地、海泛在的移动通信网络。卫星互联网的LEO-HTS星座将加速与地面5G网的融合，卫星可通过星载处理（OBP）技术或透明数字处理器（DTP）实现软件定义有效载荷，用户终端低成本是系统大规模部署的关键。GEO-HTS卫星将向超高通量和灵活定制化方向演进，随着网络的规模和复杂性的不断增长，需要更强大的智能地面系统来支撑。

1.4.1 从5G到6G

移动通信创新的步伐从未停歇，从第一代模拟通信系统（1G）到万物互联的第五代移动通信系统（5G），移动通信不仅深刻变革了人们的生活方式，更成为社会数字化和信息化水平加速提升的新引擎。5G已经步入商用部署的快车道，通信技术将进一步与云计算、大数据和人工智能等新技术深度融合，带来整个社会的数字化和智能化转型，培育出新的需求并推动移动通信技术向下一代移动通信系统（6G）方向演进和发展。

5G网络的峰值速率、体验速率、用户面时延等指标已经需要系统支持大带宽和超密集组网，而对于全息通信需要的Tbit/s量级的数据传输速率、超能交通场景需要支持的超过1000km/h移动速度等需求指标，依靠5G现有的网络和技术是难以实现的，需要6G新技术的突破。从网络业务需求来看，6G的数据传输速率可能达到5G的50倍，时延缩短到5G的1/10，在峰值速率、时延、流量密度、连接数密度、移动性、频谱效率、定位能力等方面远优于5G，如表1-7所示。从5G技术发展需要完善的角度而言，6G的发展有以下方向：首先，5G基站体系难以覆盖到海面、偏僻雪山等地方，因此需要建立起卫星系统作为补充手段；其次，网络智能化进一步发展，由于基站耗电量很大，5G时代比4G时代速度提高了10倍，但耗电提高了3倍，而降低功耗需要波束赋形技术，其中人工智能将是很重

表1-7 5G与6G的需求指标对比

需求	5G指标（ITU）	6G能力指标
峰值速率	DL：20Gbit/s UL：10Gbit/s	太比特级（Tbit/s）
用户体验速率	DL：100Mbit/s UL：50Mbit/s	吉比特级（Gbit/s）用户随时随地体验速率
用户面时延	eMBB<4ms URLLC<1ms	近实时处理海量数据
可靠性	99.999%	接近有效传输的可靠性
流量密度	10Mbit/（s·m²）	较5G提升10~1000倍
连接数密度	105/km²	几百万级数字连接
移动性	500km/h	>1000km/h，支持民航、磁悬浮等高速交通工具的实时通信
频谱效率	DL：30bit/（s·Hz） UL：15bit/（s·Hz）	融合卫星系统来提供全球移动覆盖，因此频谱效率为volume spectral efficiency〔in bit/（s·Hz·m²）〕
定位	—	超高精度定位； 亚米级无线定位
其他	—	无缝立体覆盖，超高安全

要的角色。

5G向6G的发展必将经历5G演进（即B5G）和6G两个阶段。目前，B5G和6G的定义和技术需求还处于探索阶段，业界并未得到统一的定义。预计未来几年，世界各国将在6G技术路线和发展愿景上逐渐达成共识。作为面向2030年的移动通信系统，6G将进一步融合未来垂直行业衍生出全新业务，并通过全新架构、全新能力，打造6G全新生态，推动社会走向虚拟与现实结合的"数字孪生"世界，真正实现通过"数字孪生"与"智能泛在"实现重塑世界的美好愿景。

6G愿景核心关键词：智慧连接、深度连接、全息连接、泛在连接；汇成一句话"一念天地、万物随心"。"念"强调实时性和思维与思维通信的深度连接；天地：空、天、地、海无处不在的泛在连接；随心体现了无处不在的沉浸式全息交互体验，即全息连接。具体技术有以下几个方面：

（1）网络全要素智能化技术〔网元、网络架构、终端、承载业务智能化、网络管理智能化（解决"智慧连接"问题）〕。

（2）空间深度扩展技术（天、海）、深度感知、触觉网络、深度学习、深度数据挖掘、心灵感应、思维与思维的直接交互（解决"深度连接"问题）。

（3）全息通信、高保真AR/VR，随时随地无缝覆盖的AR/VR（解决全息连接问题）。

（4）深地、深海、深空、极地、沙漠、孤岛等通信（解决"泛在连接"问题）。

从互联网到移动互联网，实现了固定网和移动网的高度融合，为满足距离拓展、全球随心通，互联网、移动网、天基网融合是必然趋势，如图1-7所示。针对6G，将真正实现天地一张网络设计，动态使用天地频谱、智能支持差异化服务。在6G的实现途径上，一方面，在5G的基础上，研究补充天基网络部分，从而构成天地一体的全球网络，又向6G迈进一步。但是这还不够，还必须面向未来，在人工智能、新频谱利用和共用、新传输理论方面开展研究。另一方面，从3GPP的5G标准推进情况看，R16开始研究并标准化非陆地移动网络技术特征，但是，NTN架构涉及的卫星通信网络与蜂窝网络及技术体系依然彼此独立；需要通过专门的网关设备进行交互。

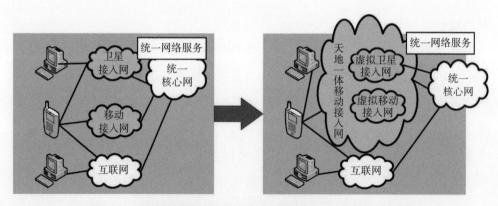

图1-7　从5G地面移动和卫星网融合到6G天地一体融合移动网

在未来6G网络中，依赖于新型编码技术、超大规模天线、太赫兹和可见光通信、电磁波新维度以及空、天、地一体化网络等潜在使能技术，空口能力将得到极大提升，从而可以为用户提供更加丰富的业务和服务。同时，基于区块链"去中心"分布式账本的无线接入信息记录新方式，使人类工作、生活和娱乐更加便利化，构建一个数据智能感知、万物群体协作、天地一体覆盖和安全实时评估的新型绿色网络。

展望未来，6G技术或将使人类通信区域从平面拓展至空间，高轨高通量卫星、中低轨卫星星座与地面网络深度融合，将在未来网络演进中不断成熟，形成天、空、地一体化网络。这便是卫星互联网建设的远景蓝图。

麦肯锡预测，2025年前，全球卫星互联网产值可达5600亿~8500亿美元。未来，卫星互联网不仅有望成为5G乃至6G时代实现全球网络覆盖的重要解决方案，也将是航天、通信、互联网等产业融合发展的重要趋势和战略制高点。

1.4.2 LEO–HTS发展趋势

1.4.2.1 与5G网络融合

随着5G在全球范围启动商用服务，卫星与5G的融合也成为热点，包括3GPP、ITU在内的标准化组织成立了专门工作组着手研究星地融合的标准化问题，业内的部分企业与研究组织也投入到星地一体化的研究工作中[6]。在星地融合中，卫星可借鉴5G空口的相关技术。同时，由于卫星的高速运动，地面网络拓扑是动态变化的，链路传输时延也较地面高，因此还需要对网络结构、路由协议和空口技术做适应性改造和研发。

（1）在体系架构适应性上

星地融合架构既有透明弯管转发，也有星上接入，松耦合与紧耦合的星地融合网络架构将在很长时间内并存；目前，制约星地融合的主要瓶颈是频率资源，随着低轨星座的大面积部署，频率冲突的问题将愈发严重，探索星地频率规划及频率复用新技术是实现星地融合需要解决的首要问题；星地网络全IP化是大势所趋，网络功能虚拟化（NFV）和软件定义网络（SDN）技术也将成为低轨星座与5G融合的关键研究内容。

5G网络引入NFV和SDN两项新型技术，可以支持多种无线接入方式及集中统一控制管理与大容量业务数据传输功能，使得5G网络新构架具有控制平面与数据转发平面的功能分离化、功能模块化、网络虚拟化和部署分布化特性。低轨星座系统和5G网络的融合也将基于网络功能解耦的基础上，在星地一体化的路由控制设计的同时，实现独立部署、升级与扩展，提高系统应用灵活性与适应性。

融合后，功能的部署执行只需要建立在空闲的处理器基础上，而无须关注该处理器隶属于天基系统或地面系统，是预先固化配置或是临时调用。

（2）在路由协议适应性上

与地面网络拓扑固定不同，由于低轨卫星高速运动，网络拓扑动态变化；两者的传输时延差别也较大，5G对传输时延的要求短到毫秒（ms）级，而低轨卫星的RTT达到50ms，低轨星座具有了显著的"大时延带宽积"特性，当网络出现拥塞时，窗口下降太快会导致线性恢复过程缓慢。因此5G中和网络拓扑动态变化的路由算法以及传输延迟相关的一些过程需要做适应性修改。目前该领域国内外研究者众多，也提出了许多路由算法，如时间片路由和基于地理位置路由算法等。当前主流的端到端控制TCP协议并不能很好地适应上述"大时延带宽积"的场景，目前针对性的算法研究包括随机接入、闭环功控和混合自动重传等。同时，传输时延长和运动速度快对上行同步造成比较大的影响，这也更需要改进。

（3）在空口传输体制适应性上

星地网络采用统一的空中接口设计有助于实现天地网络间无缝漫游与平滑切换，也有助于减小终端体积并降低终端功耗，为用户提供高质量的一致化服务体验。考虑到未来与地面5G系统的融合，空中接口上可以采用的关键技术包括多载波、新型编码及非正交多址等，目前有部分技术已经逐步在浮空平台等非地面网络中开展试验[7]。

• 多载波技术

对于新型的波形，正交频分复用（OFDM）仍然是5G初期的主要技术，而对于非同步轨道卫星来说，由于移动过程通信倾角变化较大，采用多载波技术也可以有效解决多径、遮挡等问题。不同的是，由于覆盖区很大，星地链路的循环前缀、上行随机接入物理信道（RACH）导频独立设计是需要考虑的首要问题。OFDM存在峰均比较大的问题，随着5G的发展，波形优化也会得到快速发展。5G新标准中的F-OFDM（Filtered OFDM）是基于滤波的正交频分复用技术，实现了在频域与时域的资源灵活复用，并把保护间隔降到了最小程度，因此，频域资源与时域资源已经再也没有可复用的空间。其他可以得到进一步复用的就是码域资源以及空域资源。低轨星座系统的多载波技术研究也将会是一个持续优化的过程。

● 新型编码技术

未来星地一体化网络的空中接口面临复杂的业务需求，业务速率范围宽、误码率和时延要求多样化，既需要支持业务速率达每秒数百兆比特的宽带互联网业务，也需要支持每秒几百比特的物联网短数据业务，编码调制方案必须提供多种组合以适应上述复杂业务的需求，因此可考虑与地面5G采用类似的极化码（Polar）与低密度奇偶校验码（LDPC）组合方案。

● 非正交多址技术

与OFDMA相比，非正交接入在时间、频率和空间等物理资源基础上，引入了功率域、码域维度，进一步提高了用户的连接数和信道容量。低轨星座与地面系统在卫星信道环境方面有类似的多径特点，而且载荷功率受限，从这点来说非正交接入更适合低轨卫星。在星地融合空中接口上，功率域方案不易实施，码域方案是较为可行的实现途径。码域的稀疏码多址接入（SCMA）包含两大关键技术：低密度扩频技术和多维/高维调制技术。SCMA和Polar在F-OFDM的基础上，进一步提升了连接数、可靠性和频谱效率。目前针对非正交多址接入的研究还不够全面深入，由于低轨星座的多谱勒是地面的几十倍，在低轨卫星上使用更需要考虑卫星的多普勒影响。由于星上处理能力有限，低复杂度多址算法设计是需要突破的主要技术问题。

1.4.2.2 用户终端低成本

低轨卫星用户终端面向两类市场，一类是机、船载等高端用户，而另一类就是数量众多的家庭用户。为了支持大规模商用，一方面卫星用户终端和核心网需与3GPP完全兼容，用户只需要一台终端就可以在卫星与地面网络间实现无缝切换，而对于用户来讲，终端是处在卫星网还是地面网是没有感知的。另一方面，终端需小型化、低成本，这样家庭用户才能接受，能够用得起。为了打开新兴的大规模消费市场，终端低成本是最重要的，而天线的低成本起了决定性的作用。

低轨卫星用户终端要同时跟踪2颗以上卫星，数分钟内在卫星之间无缝切换，以持续保持连接。低成本电扫阵列（ESA）天线能够在毫秒之间形成和调整波束，这使每数分钟在卫星之间切换波束更加简单。基于硅半导体基的电子相控阵天线，可使几厘米大小的晶圆当中拥有大量的发射接收阵列，而晶圆阵列通过大批量生产足以安装智能设备当中，使其可以直接与卫星进行信号传输。再有就是星座卫星数量应尽可能多，降低地面站切换卫星时的角度变化范围，有利于天线小型化和低成本设计。

当今，有十几家公司正在开发和制造平板天线或符合主机平台形状的天线。美国北方天空研究公司预计，从现在到2027年，这些公司平板天线的出货量将达到180万块，收入将超过80亿美元。就目前而言，平板天线的目标客户主要是小型卫星企业和政府客户，因为他们迫切需要平板天线，并可以为高价天线买单，而最终平板天线要像平板电视那样惠及大众，还需要技术上的创新。

英国通信公司OneWeb创始人Wyler宣布他投资的一个项目开发出了低价天线模块，成本仅15美元。Wyler投资1000万美元的企业名称为Wafer LLC，总部位于美国的丹佛。Wafer公司有一个20人的团队在进行电扫描天线阵列的开发，整个天线只有8英寸厚，需要突破的关键在于：天线轻、薄、低功耗同时价格低廉、可大规模生产。初期的测试表明Wafer的终端能够实现50Mbit/s的下行速率，目前Wafer开发的天线工作在Ku频段。一部终端组合使用多个天线"瓦片"可实现更高吞吐量。OneWeb低价电扫天线的成功，为卫星终端售价要控制在200～300美元铺平了道路。

另外，总部位于英国的Isotropic Systems公司的转换光学技术将生产出首个低成本、全电子扫描终端，实现宽带优质服务，帮助OneWeb弥合数字鸿沟。Isotropic Systems将根据OneWeb的消费者宽带服务需求构建一个高吞吐量的LEO终端，价格范围将使消费者能够负担得起宽带服务。Isotropic Systems的开创性全电扫终端将提供无缝切换和无限的瞬时带宽，且只需要传统终端10%的功率。

1.4.2.3　软件定义卫星

对于低轨星座卫星载荷在设计上需要考虑支持在轨软件定义和功能重构，在卫星寿命周期内，实现星上通信资源的高效按需调度和配置，能够针对不断变化的应用需求，及时做出调整。具体设计上主要包括波束覆盖灵活性、频率带宽配置和分配、功率分配、星载灵活交换以及空口体制的可重构等。采用相控阵天线技术和动态波束成型技术，针对不同区域、不同用户的业务量变化的需求，支持波束按需动态覆盖。卫星之间有激光星间链路，可在轨实现灵活路由，进行星地一体化的路由控制设计。波形重构主要依托灵活的软硬件处理平台设计，支持不同技术体制波形的重构。

软件定义卫星具有如下典型特征：

（1）需求可定义：软件定义卫星可根据需要重构整个系统，可灵活响应多种不同的空间任务需求，能够满足通信、导航、遥感、科学探测等多种应用场景，提供多种功能，完成多种任务。

（2）硬件可重组：软件定义卫星采用开放系统架构，具有丰富的接口形式，支持各类有效载荷的即插即用，可以根据任务需求进行有效载荷、计算资源、交换资源、存储资源的重组。

（3）软件可重配：软件定义卫星具有一致的程序执行环境，具有丰富的应用软件，可以根据任务需求动态配置和执行不同的 App，完成不同的任务。

（4）功能可重构：通过接入不同的硬件部件、加载不同的软件组件，即可快速重构出不同的功能。

1.4.3 GEO-HTS发展趋势

1.4.3.1 馈电波束采用更高频段

卫星工业的核心原则是最大限度地利用最宝贵的频谱资源。优化频谱使用的方案之一是对不同的应用采用不同的频段。

GEO-HTS领域向超高通量和灵活定制化方向演进，"500Gbit/s+"成为下一代系统标配。随着传统卫星频段资源的使用趋向饱和，Q/V频段具备的高带宽、窄波束等优势，使其被广泛认为是下一代超高通量卫星通信系统（VHTS）的首选频段，成为产业界关注的焦点。主流运营商在其VHTS系统规划时，都将Q/V频段作馈电链路使用。一方面，可完全将Ka频段资源分配给用户链路使用，系统容量将大幅提升；另一方面，可使单个信关站传输能力更大、管理的用户波束数量更多，相同卫星容量下所需的信关站数量就能减少，从而降低系统建设总成本。目前，Ka/Q/V频段配置已成为超高通量通信卫星频率方案设计中的共识。例如，为了把尽可能多的Ka频谱资源留给用户波束，休斯Jupiter-3（或叫EchoStar-24）卫星地面系统的馈电波束采用了Q/V频段。Q/V频段比Ka拥有更宽的频谱，提升了每个关口站的Gbit/s吞吐能力，甚至进而减少所需建设的关口站数量。然而，Q/V频段的使用也带来了挑战，主要是在硬件架构和雨衰克服方面。

解决雨衰问题的其中一种方案是将射频链路从雨区关口站切换至非雨区关口站。实现关口站射频系统（RFT）1:1冗余（每个关口站都有一套备份RFT供切换）成本上不划算，所以建议采用关口站$N:P$冗余方式（有P个关口站RFT池，可以根据需要切换使用）。

为此，运营商将数据处理集中在数量较少的数据中心，以减少RFT方面的负担。当发生关口站切换的时候，软件定义网络（SDN）可以极大简化业务流的快速重路由。网络功能虚拟化（NFV）技术的迅速使用将进一步减少硬件占用并简化硬件使用。所有方案结合起来，可以实现在雨衰情况下快速完成关口站切换，为用户的通信服务保持无缝连接。

1.4.3.2 更高的服务计划

新卫星能为特定区域提供超过500MHz的通信频谱，但如果这段频谱要提供吉比特每秒（Gbit/s）级别的传输速率，小站终端需要支持更高阶的调制、更复杂的纠错处理。

许多地面系统的出向DVB-S2X载波已能支持64APSK或更高阶调制，500MHz频谱理论上应该可以实现超过1Gbit/s的传输容量。但是，大多数地面系统由于小站终端的前向纠错（FEC）解码器能力受限而无法很好地支持100Mbit/s通信服务，这些系统没有足够大的能力支持大型网络的高速率通信。

将来的地面系统会将FEC解码速率显著提升至2Gbit/s或更高，并支持更高的数据包处理速率，以更好地支持消费者期望的100Mbit/s速率通信服务。

1.4.3.3 柔性卫星载荷

许多卫星制造商已经推出柔性卫星（如SES-17、Inmarsat G7/8/9），卫星能在轨调整波束覆盖区域和容量分配。柔性卫星的这种特性非常适合于动中通应用。

以邮轮应用为例，在冬季，加勒比海域的邮轮活动非常活跃；而在夏天，邮轮要转移至阿拉斯加海岸。北美洲上空的GEO卫星可以同时覆盖这两个地区，关键是要能适时把星上的带宽和能量转移到最需要的地方，而不是让其闲置。

为配合柔性卫星的星上资源实时调整，地面系统要与卫星资源管理系统紧密配合，共同完成对星上资源的管理和重新调配。一次星上资源的重新调配必须要在几秒内完成，整个地面系统的调制/解调部件必须非常迅速地完成调整，并切换至新的工作信道。时间同步至关重要，卫星要与地面系统精确协调，关口站、小站之间也要步调一致。

1.4.3.4　大型网络部署

卫星通信网络的规模和复杂性在不断增长，需要更强大的智能地面系统来支撑。高通量卫星（HTS）在过去十年数量激增，每个卫星网拥有数千、甚至上百万个小站，每个关口站由数百台设备将数据路由到地面网络。由休斯运营的HughesNet网络目前拥有150万套在线小站。

如此大型网络上的每个节点，无论是一个远端小站还是关口站，都需要由功能强大的智能管理平台来监控其设备的操作和运行状况。日益庞大的网络部署对传统的FCAPS（故障处理、配置、统计、性能和安全）网络管理系统提出了挑战。

为了应对这一挑战，运营商（比如休斯公司）从网内设备提取信息，并上传到"云"端（cloud），然后应用人工智能和机器学习，对设备性能数据和突出问题进行挖掘、分析。比如从中可以分析远端小站的天线指向是否出现偏差，或者中频线缆是否受潮。更重要的是，通过对各个环节（如线路）性能进行长时间分析，可以帮助发现其潜在的性能或效率问题。

1.5　卫星互联网核心应用场景

早期的高吞吐量卫星系统的应用开辟了个人、企业和政府机构互联网接入服务市场，但随着市场和产业发展，HTS系统已经能够涵盖传统固定通信卫星（FSS）和移动通信卫星（MSS）的所有业务类型，并以此为基础向蜂窝回程传输、航空宽带、海事宽带等增长迅速的"新"领域拓展，致力于提供高质量的数据服务。

1.5.1　个人或家庭宽带互联网接入

面向个人消费者的卫星互联网接入是目前HTS系统最主要的业务类型。较整个地面互联网的发展，面向个人消费者的卫星互联网发展仍然处于初级阶段，只有少数几个发达国家市场发展起来，例如：美国、加拿大、欧洲部分国家和澳大利亚。美国的休斯公司（HNS）和卫讯公司（ViaSat）继续领跑市场，2016年两家公司合计用户数超过240万人，占全球卫星互联网用户总数的75%。随着两家公司热点地区市场容量饱和，用户增长自2015年起呈减弱的态势，但会随着第二代HTS的发展EchoStar-19和ViaSat-2卫星的发射，重新进入增长轨道，第二代卫星能够提供低成本的卫星容量，更高速的数据传输速率和月度使用成本，并达到与地面网络类似的使用水平。

决定互联网接入业务未来发展的重要因素来自当地对于网络使用价格的购买力。如果卫星互联网价格能够低于当地地面光纤网络和蜂窝网络（4G）的建设成本、使用价格和终端费用，则在很大程度上决定卫星互联网的应用规模。从资费情况来看，目前普遍的卫星宽带接入价格在40～100美元/月，但这个资费水平对绝大多数的发展中国家用户来说难以承受，如果月资费降低至20美元/月，则市场拓展潜力更大。

根据欧洲咨询公司预测，面向个人消费者的卫星互联网接入用户有望从2016年的230万增至2025年的640万，年复合增长率（CAGR）11%。北美地区是最主要的市场，目前占用户数量的80%，到2025年，随着拉美和亚太等新兴市场的崛起，北美地区市场用户数量占全球市场的比重有望降至55%。单位用户的月度数据使用量也在不断增长，从2016年的8Gbit/s，增至2025年的25Gbit/s，全球HTS容量使用有望从2016年286Gbit/s到2025年增至1.8Tbit/s。从收入情况来看，2015年全球卫星消费宽带收入达20亿美元，但随着用户接入数量和接入带宽需求的增加，预计至2025年总收入可超过80亿美元[8]。

1.5.2 政府机构与企业网络

政府机构与企业网络是第二大业务类型。传统固定通信卫星（FSS）主要为政府通信与企业网络服务，HTS系统服务能力更强，数据使用成本更低，因此，这部分业务也是核心市场。就细分市场来看，系统主要为五类行业用户提供业务应用，具体包括民用政府机构、石油天然气和采矿业、零售、金融和大型企业。对于民用政府机构用户，HTS系统主要为偏远地区的学校、医院、政府办公室、社区及其他办公地点实现宽带接入；对于石油和天然气（O&G）用户，HTS系统主要提供高可靠和可用的视频和数据传输服务；对于零售和金融网点，HTS系统主要通过组播技术对散布的用户网点实现网络接入。

就目前发展来看，政府和企业VSAT数量很难准确统计，欧洲咨询公司估算，该业务市场2016年终端数量为30万台。该业务领域市场增长的关键动力来自政府主导的网络接入计划，为偏远地区、中小企业、学校和医院等提供通信和网络接入等，例如中国、印尼和巴西等国发展的基于HTS系统的宽带接入计划。据欧洲咨询公司预测，在政府机构和企业网络HTS终端领域，年复合增长率将达到19%，到2025年将接近135万台。HTS容量使用将达到500Gbit/s，新兴地区市场（拉丁美洲、中东和非洲、亚太等地）用量将占60%的比例。从收入情况来看，该领域HTS业务收入将超过12.5亿美元[8]。

1.5.3 蜂窝回程与干线传输

干线传输指一端到另一端的连接，主要是在长途通信中。一般用于远程网络接入与主干网。蜂窝电话回程（Backhual）是指将移动信号发射塔或者基站的信号（接入点）回传给网络提供商的连接，也包括从提供商到核心网的连接。蜂窝移动网络（3G/4G/5G）是过去几年通信产业发展的重点，2016年全球移动用户数量超过35亿人口，接近20亿人使用4G/LTE网络，但网络覆盖范围仍然非常有限。从目前发展来看，0.5%的蜂窝基站由卫星实现数据回程。随着吞吐量更高、数量更多的HTS系统的部署，服务能力和经济学显著提升，会有越来越多的偏远地区的基站选择卫星实现数据回程。

从欧洲咨询公司最新预测数据来看，面向蜂窝回程和干线传输的HTS容量使用将从2016年的36Gbit/s增至2025年的475Gbit/s，其中，蜂窝回程数据需求有望到2025年达到300Gbit/s。从地区发展来看，到2025年，亚太地区将成为最大容量需求市场，预计容量需求将达到全球容量使用的34%，之后是拉美地区市场（31%）和中东与非洲地区市场（28%）。从收入情况来看，干线传输和蜂窝回程HTS容量收入到2025年将达到8.7亿美元，2016—2025年年复合增长率（CAGR）为24%[8]。

1.5.4　航空宽带

　　航空互联网在商业航空领域的普及率未来几年将持续增长，预计全球提供互联网连接服务的商用飞机总数将从2018年底的大约8200架飞机达到2028年底的20500架以上，平均年复合增长率达9.6%。2018年航空互联网商用飞机解决方案的渗透率达到32%以上，预计到2028年将达到50%左右，主要区域市场是亚洲、北美洲和欧洲。增长最快的区域在拉美、亚太和欧洲区域，增长率分别为43%、33%和28%，如图1-8所示。

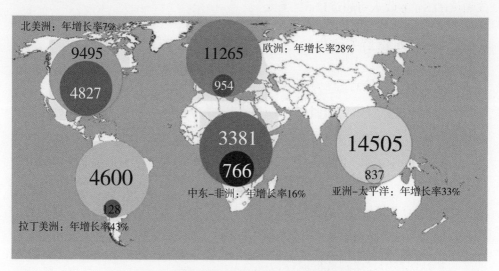

图1-8　航空宽带互联网接入的飞机数量预测

　　从旅客人均支出费用来看，2018年旅客航空互联网业务人均支出0.23美元，到2028年将猛增10倍多至2.6美元，2035年进一步攀升至4美元。可以看出，未来20年特别是最近10年，航空旅客对航空互联网的需求将大幅增加，市场空间较大。

　　根据伦敦政治经济学院（LSE）和全球领先移动卫星通信服务商海事卫星公司联合发布的《翱翔蓝天：旅客连接为全球航空业带来的商业机遇报告》最新预测，到2035年全球航空互联网带来的市场空间将达到1300亿美元，其中航空公司领域的市场空间将达到300亿美元，航空互联网市场巨大。在这300亿美元的市场中，亚太地区为103亿美元、占比34.3%，欧洲地区为82亿美元、占比27.3%，北美地区为76亿美元、占比25.3%，拉美、中东、非洲分别为19亿、13亿、5.9亿美元。未来20年内，亚太地区将成为全球最大的航空互联网市场。

从2018开始，全球Ka宽带卫星的容量和覆盖率都进入快速增长时期，"互联飞机"逐渐开始成为航空公司新的战略选择。基于前后舱协同空地互联的新生态由此逐渐形成，如图1-9所示。

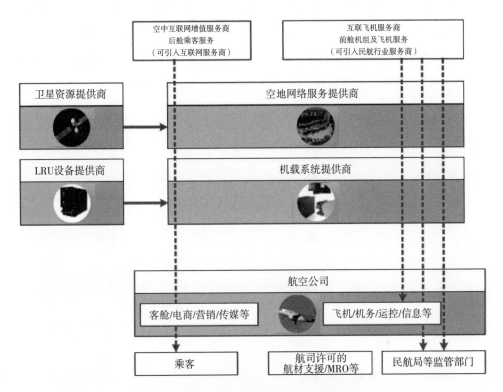

图1-9　基于前后舱协同空地互联的新生态

从图1-9可以看到，一方面，新生态聚焦后舱，空中互联网增值服务商（服务商可以是航空公司本身的业务部门/子公司，例如电商公司，也可以是第三方互联网增值服务商，例如地面互联网公司），利用Ka宽带空地互联系统，给后舱乘客提供更好的B2B2C服务，中间的B是指航空公司。

另一方面，新生态也聚焦前舱，互联飞机服务商（一般是民航行业原有航空公司的保障服务提供商，或者民航相关企业转型升级），利用Ka宽带空地互联系统，针对航空公司、航空公司服务保障生态链公司、行业监管当局（民航局等监管单位）等提供B2B和B2G（Bussiness to Government）服务。

1.5.5 海事宽带

在海事业务市场，大型游轮、离岸平台、油轮，以及石油和天然气调查船等高端商船是大容量HTS系统的主要市场，其中大型综合性娱乐游轮是最主要的市场。随着HTS系统服务成本的下降和覆盖的优化，游轮乘客"无所不在"的网络接入需求可以得到很好的满足。具体来看，HTS容量主要提供的业务应用包括面向乘客提供视频流媒体和VoIP服务，以及其他网络接入应用。据欧洲咨询公司预测，2028年航海宽带互联网接入终端、带宽及费用如图1-10所示。

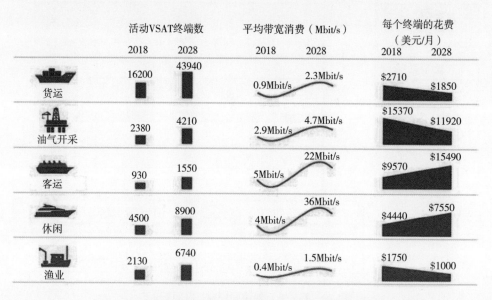

图1-10　航海宽带互联网接入终端、带宽及费用分类预测

据欧洲咨询公司的数据分析，2015年VSAT船载终端数量1.8万，2017年为2.3万，年增长率18.8%。2017年之后Ka VSAT船载终端的需求增长迅速，预计到2023年，Ka船载终端数量约为1.8万，占比45%，如图1-11所示。预计到2028年，航海通信容量需求能够达到370Gbit/s，主要来自Ka频段宽带通信，如图1-12所示。

值得一提的是，由于航空线路、航海线路有相当一部分是在高纬度地区（主要是北极圈附近），传统GEO卫星无法覆盖到，具备全球覆盖能力的低轨星座系统将在此方向作为切入点。

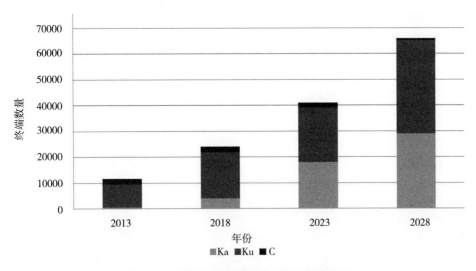

图1-11　航海宽带互联网接入终端数量预测

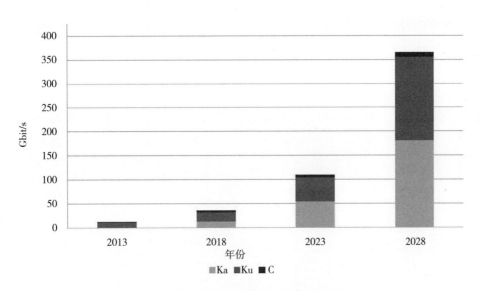

图1-12　航海宽带互联网接入容量需求预测

参考文献

[1] D'Ambrosio. High Throughput Satellite（HTS）Communications for Government and MilitaryApplications[EB/OL].[2014-11]http：//static1.squarespace.com/static/5274112ae4b02d3f058d4348/t/564e74b7e4b0d134bcf5a629/1447982263993/2015-1-5a.pdf

[2] 袁俊，鲍晓月，孙茜，等.巨型低轨星座频率轨道资源趋势分析及启示建议[J].空间碎片研究，2021，21（1）：48-57.

[3] 杨文翰，花国良，冯岩，等.星链计划卫星网络资料申报情况分析[J].天地一体化信息网络，2021，2（1）：60-68.

[4] 孙晨华，章劲松，赵伟松，等.高低轨宽带卫星通信系统特点对比分析[J].无线电通信技术，2020，46；277（05）：505-510.

[5] 邹明，赵子俊，赵伟松，等.新兴低轨卫星通信星座发展前景研究[J].中国电子科学研究院学报，2020，15；12（12）：1155-1162.

[6] 汪宏武，张更新，余金培.低轨卫星星座通信系统的分析与发展建议[J].卫星应用，2015（07）：40-41，44-46.

[7] 汪春霆，翟立君，卢宁宁，等.卫星通信与5G融合关键技术与应用[J].国际太空，2018：13-18.

[8] Euroconsult High Throughput Satellite：Vertical Market Analysis & Forecasts.[R] http：//www.euroconsult-ec.com/shop/satellite-communications/93-high-throughput-satellites-2017.html

2 甚高通量卫星通信系统发展现状及面临的挑战

大容量、高速率的服务需求牵引着通信卫星系统与技术的快速发展。目前，高通量卫星通信系统最常使用的通信频段为Ka频段。随着通信业务种类的增多和用户对于通信速率需求的提高，Ka频段可用频率资源显得十分拥挤。结合已开展的研究和ITU分配的频谱来看，Q/V频段将是下一代高通量卫星通信系统的首选频段。

Q/V频段具备波长短、带宽高、波束定向性好、干扰源少等特性，有利于卫星的小型化及轻量化设计、多波束大容量设计，商业发展前景被广泛看好，并且具有对沙尘和烟雾穿透性强、抗核爆闪烁等特点受到军事通信领域的青睐。总体来说，国外在军事卫星通信领域已较成熟地应用了Q/V频段的载荷设备，配套的地面终端也已列装，并在产品研制、技术攻关和应用方面取得了丰富经验。在商业领域，截至目前，全球仅有3颗在轨通信卫星配备了Q/V频段的试验载荷，主要用于验证关键载荷技术以及产品性能等。

2.1 频谱资源

Q/V频段电磁波是在电磁波频谱上与Ka频段电磁波相邻，且频率高于Ka频段的电磁波，Q/V频段电磁波频率上限为75GHz。从广义上来讲，Q频段指33~50GHz的电磁波，V频段指50~75GHz的电磁波，位于无线电频谱的极高频（EHF，30~300GHz）区域，属于毫米波的范畴，是卫星通信领域有待开发的一段频谱资源[1]。在毫米波频段（30~300GHz）中，Q/V是最为适合开展卫星通信业务的频段，该频段的通信载荷已开始步入商用卫星市场。

依据ITU-WRC-2000第75号决议，用于固定业务高密度应用的频段划分如下：31.8~33.4GHz，37~40GHz，40.5~43.5GHz，51.4~52.6GHz，55.78~59GHz和64~66GHz。其中39.5~40GHz和40.5~42GHz频段重点部署于卫星固定业务的高密度应用（WRC-07）。根据最新版ITU无线电规则[2]（ITU Radio Regulation 2016），对中国地区可用的Q/V频段电磁波做出了总结和划分，结果如表2-1所示。

表2-1 Q/V频段频率资源划分表

频段（GHz）	卫星固定业务FSS（空对地）	卫星固定业务FSS（地对空）	第三区可用性
37.5 ~ 38	√		√
38 ~ 39.5	√		√
39.5 ~ 40	√		√
40 ~ 40.5	√		√
40.5 ~ 41	√		√
41 ~ 42.5	√		√
42.5 ~ 43.5		√	√
47.2 ~ 47.5		√	√
47.5 ~ 48.2		√	√
48.2 ~ 50.2		√	√
50.4 ~ 51.4		√	√
71 ~ 74	√		√

根据国际电信联盟（International Communication Union，ITU）无线电规则，中国被划分在第三区。根据总结结果，中国可用的Q/V频段电磁波的频段（选择71GHz以下）和可用带宽，如表2-2所示。

表2-2 中国可用Q/V频段频率资源总结表

频段	链路	频率范围（GHz）	可用带宽（GHz）
Q	下行链路	37.5 ~ 42.5	5
V	上行链路	42.5 ~ 43.5	5
		47.2 ~ 50.2	
		50.4 ~ 51.4	

根据总结表可知，中国可用的Q/V频段电磁波频率资源共计10GHz，其中Q频段频率资源5GHz，可用于卫星向地面发送信息；V频段频率资源5GHz，可用于地面向卫星发送信息。

2.2 国外研究与发展现状

2.2.1 国外军事领域研究与发展现状

国外Q/V频段的卫星通信系统在军事卫星通信领域的研究最早可追溯至美军的军事卫星Milstar系统，其主用频段是星地40GHz与星间60GHz，此后发展的AEHF系统延续了Milstar的选频方案，依赖该频段的抗干扰性和保密性为美军提供通信保障[3]。受其牵引，美国的L-3通信公司、诺格公司等开展了一系列的Q/V频段微波产品的研发工作。AEHF系统载荷的研制商——美国诺格公司在其出版的白皮书中提出，根据现有的44GHz链路成功应用的实例以及现有的高可靠天线、射频前端和单片集成电路技术发展来看，40/50GHz的应用未来将具备较低的技术风险、有较好的发展前景[4]。

除美国以外，美国在欧洲的主要盟友也都发展有相应的Q/V频段通信系统，如英国上一代的Skynet-4系统、法国的Syracuse-3系统，意大利的Sicral系统与Athena-Fidus卫星等，主要将该频段用于馈电链路，未用于星间传输。加拿大在毫米波星间通信技术研究方面较早就取得了重要的进展，加拿大国防部在20世纪90年代中期开展了60GHz星间链路系统方案研究，研制了相应硬件设备并进行了60GHz中速率星间通信技术试验。

2.2.1.1 美国Milstar/AEHF系统

20世纪80年代，Milstar系统开始启动建设，共发展了两代，目前在轨的均为20世纪90年代发展的第二代系统，由5颗GEO卫星组成的卫星星座，卫星的外形图如图2-1所示。该系统搭载中数据速率载荷（MDR），采用上行频率44GHz（Q频段），下行20GHz（Ka频段）。

2010年，AEHF系统启动部署，目前在轨4颗。作为Milstar系统的继续，AEHF系统同样主要工作于Q/V频段，采用扩跳频、捷变、可移动波束和调零天线技术等，为关键战略和战术部队提供抗干扰、防侦听、防截获、高保密和高生存能力的全球卫星通信。AEHF系统搭载了Q频段星地载荷，其中LDR/MDR/XDR载荷下行均工作在Ka频段，频率为20.2~21.2GHz；上行则工作在Q频段，频率为43.5~45.5GHz。AEHF-1卫星的外形图如图2-2所示。

图2-1　Milstar-2卫星外形图

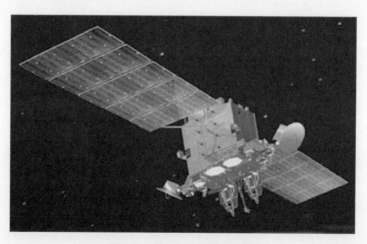

图2-2　AEHF-1卫星外形图

2.2.1.2　英国Skynet-4系统

Skynet-4是英国国防部的第三代通信卫星，为英国军方提供固定和移动陆地与海基地面站之间的防干扰通信服务。Skynet-4A上搭载了SHF转发器、UHF转发器以及用于传播实验的Q/V转发器，卫星的外形图如图2-3所示。

图2-3　Skynet-4A卫星外形图

2.2.1.3　法国Syracuse-3系统

Syracuse-3是法国国防部于2005年采购的第三代军事通信卫星。该卫星系统基于Spacebus-4000B3平台构成，星上安装了强大的通信有效载荷，包括9个SHF（超高频）转发器，可提供4个点波束，1个全球波束，1个法国境内区域波束；以及6个EHF（极高频）转发器，可提供2个点波束，1个全球波束。

2.2.1.4　意大利Sicral系统

2001年，意大利的Sicral系统正式启动服务，其在用于移动战术通信的UHF（260～300MHz）载荷和用于大容量数据传输的SHF（7~8GHz）载荷的基础上，还搭载了EHF（20～44GHz）载荷。该系统是意大利首个用于国家和国际区域的陆海空安全战术军事通信系统，也是欧洲第一个执行探索Q/V甚高频段任务的通信系统。

2.2.2　国外商用领域研究与发展现状

20世纪90年代末，以美国摩托罗拉、休斯等公司为代表，共提出了16项Q/V频段的卫星系统研制计划，旨在提供全球或近全球的商业宽带服务，这些系统的对地通信链路多规划在50/40GHz频段，使用带宽最高达3GHz，部分也提出了60GHz的星间链路方案。虽然因为技术、市场等问题制约，上述计划未能付诸建设实施，但当时开展的一些方案研究为该领域后续发展提供了重要参考。

2000年以来，欧洲卫星工业界在"通信系统预先研究"（ARTES）计划的推动下，开展了多项Q/V频段载荷的研究工作：如在早期的Italsat、Artemis等卫星中，对Q/V频段传播特性进行了长时间的跟踪测量与分析，开展了60GHz星间链路天线以及跟踪系统研究，研制了60GHz 50W行波管放大器（TWTA）工程样机以及其他关键部件等。

2.2.2.1 Alphasat系统

2013年，欧空局在发射的Alphasat卫星上搭载了2个Q/V频段通信载荷，开展了一系列的技术研发和试验项目，内容涉及雨衰与大气传播分析、面向VHTS的系统架构、各类星上和地面通信器件研发、信关站分集技术等，取得了较多高价值成果。

Alphasat卫星是大容量通信卫星，设计研制的目的是要扩大Inmarsat公司现存的全球移动通信网络。卫星由Astrium公司设计制造，并与ESA（欧空局）和Inmarsat公司达成合作研制协议。Alphasat卫星使用Alphabus平台，该平台是由Astrium公司和ThalesAleniaSpace联合签约设计的新型欧洲通信卫星平台。卫星发射重量超过6.6t，太阳翼展开长40m，可提供12kW的功率，外形如图2-4所示。

图2-4　Alphasat卫星外形图

Alphasat卫星的基础技术指标如表2-3所示：

表2-3　Alphasat卫星主要参数指标

指标	描述
发射地点	欧洲，法属圭亚那，库鲁
发射时间	2013年7月25日
运载火箭	Ariane-5 ECA
设计寿命	15年
载荷功率	22kW
卫星质量	8.8t
有效载荷质量	2t
通用载荷容量	230路转发器，可支持： 超过1000路电视频道；超过200000路音频
结构	旋转成型碳纤维中心管附加碳铝面板； 横截面：2800mm×2490mm

该星的Q频段试验载荷（TDP#5）载荷由泰雷兹阿莱尼亚公司研制，主要包括两部分的载荷设备：

第一个是通信试验载荷设备，配置了37.85～38.15GHz下行、47.85～48.15GHz上行相互铰链的透明转发器，转发器输出功率为10W，天线的接收增益为38.3dBi，发射增益为37.5dBi。该载荷能够形成1个固定点波束和1个可在2个地面站指向间切换的可选波束，外形图如图2-5所示，旨在研究Q/V频段各类自适应传输方案（包括自适应调制编码ACM、上行功率控制ULPC等）的可行性和

图2-5　Alphasat卫星Q频段试验（TDP#5）载荷

有效性。

第二个是信号传播试验载荷，由39.402GHz的Q频段信标机以及19.701GHz的Ka频段信标机组成，主要对上述两个频点的电磁波信号在星地之间的传播特性进行研究。

为了完成上述载荷试验任务，系统还配备了2个地面站和3个任务控制中心。通信试验的主要目标是研究自适应编码调制（Automatic Modulation and Code，ACM）、自动上行功率控制（Auto Uplink Power Control，AUPC）和信关站分集技术（Gateway Diversity Technique，GDT），并验证上述技术补偿馈电链路强雨衰的可行性，以便用于后续Q/V频段的商业开发。

2016年11月，在TDP#5试验载荷任务取得大量成果的基础上，欧空局和意大利航天局又启动了名为"QV-LIFT"项目，主要目的是继续利用TDP#5载荷，开发核心的地面硬件和软件技术，提高成熟度水平，为未来的Q/V频段Tbit/s级高通量卫星系统构建地面段和用户段奠定基础，并提升欧洲通信卫星制造商的竞争力。

QV-LIFT计划的主要研究内容：一是关口站设备和系统，其中Q/V信关站（称为QV-ES）将开发具备15W射频输出功率的基于GaN技术的V频段高功率放大器、V频段上变频器、Q频段的低噪放大器和下变频器等核心设备，此外，还将配套开发Q/V频段的智能信关站管理系统；二是应用终端设备，包括用于移动和固定终端的Q/V频段收发共用天线，以及专门适用于机载应用的Q/V频段收发共用终端（称为QV-AT）。

Eutelsat公司提出的基于TDP#5载荷的Q/V频段机载通信应用场景最早得到研发和验证。该场景主要考虑将Q/V频段用于用户链路，为飞机提供高速宽带通信服务。由于飞机飞行的平流层可以基本不考虑雨衰影响，而且相同的机载终端外形尺寸下，Q/V波束的增益更高，因此Eutelsat公司将该领域发展作为未来Q/V应用的重要方向之一。在此试验中，设计的用户链路性能如下：卫星G/T值为19.0dB/K，卫星至用户EIRP值为33.2dBW/MHz，用户间聚合干扰为18dB。终端采用的是0.45m的抛物面天线，接收噪声系数为2.5dB。测试中，前向链路的数据传输速率可达179Mbit/s，返向数据速率也可达到49Mbit/s，远远高于目前业界通用的机载通信终端性能。

2.2.2.2　Eutelsat 65WestA卫星

2016年，欧洲通信卫星公司和SSL公司则利用Eutelsat 65WA卫星上搭载的Q/V通信TDP#5载荷联合开展了技术试验，主要也是面向下一代超高通量卫星的技术研发。

Eutelsat 65 West A卫星基于劳拉的LS-1300平台研制，设计寿命15年，发射质量6600kg，星上主任务载荷为10路C频段54MHz转发器、24路36MHzKu频段转发器以及一个多点波束的Ka频段载荷，主要用于DTH、宽带接入等服务。卫星主要参数如表2-4所示，卫星外形如图2-6所示。

表2-4　Euletsat 65 West A卫星主要参数指标

参数	描述
服务国家	国际
种类	通信卫星
运营商（Operator）	Eutelsat
承包商（Contractor）	空间系统/劳拉（SpaceSystem/Loral）
设备	10路C频段转发器，24路Ku频段转发器，24路点波束，Q/V频段载荷
平台	SSL-1300
能源	可展开太阳能双翼，电池
生命周期	15年
质量	6600kg
轨道	GEO

图2-6　Eutelsat 65 West A卫星外形图

Q/V频段试验载荷的主要任务是验证Q/V频段的信号传输性能，特别将针对雨衰情况的性能和链路自适应调整技术进行分析，同时在法属瓜德鲁普群岛建立了配套的地面站，也将对地面段相应技术开展验证。Q/V频段试验载荷包括1路Q/V频段的转发器和1个Q频段的信标机，外形图如图2-7所示。Q/V频段转发器采用双变频设计，允许在中频加入新的信号，从而上变频至Q频段作为信标信号输出。该转发器的核心硬件包括V/X频段的接收机、X/Q频段的上变频器、Q频段的固态放大器、Q/V频段的双工器、WR22波导以及混频器等。

图2-7　Eutelsat 65WA卫星的Q/V频段试验载荷外形图

该试验载荷采用与主任务载荷相同的9.7GHz的本地晶振及倍频器完成上下变频任务，信标机则采用主任务载荷提供的10.7GHz的本地晶振作为信号源，通过混频器输入中频生成对应频率的信标。馈源采用线性单极化馈源喇叭，天线则复用星上Ka频段的反射面天线。星上配备了3个15W的直流转换器为转发器和信标机供电，分别对应接收机、上变频器和固态功率放大器，同时也可用于控制该试验载荷的开关控制。

Q/V频段的转发器可以将47.2～50.2GHz的上行信号转换为37.5～40.5GHz的下行信号。具体而言，接收机通过9.7GHz本地晶振的4倍频，将接收的V频段上行信号下变频至8.4～11.4GHz的中频范围，然后再通过9.7GHz本地晶振的3倍频，将中频信号上变频至Q频段的下行信号区间。在这个过程中，下变频的额定增益为60dB，上变频的额定增益为32dB，下变频后的信号导入固态功放，放大增益为30dB。如前所述，Q频段的信标信号源在中频阶段注入，因此共用转发器的上变频器和功放，其下行等效EIRP可达25dBW。

2.2.2.3 KONNECT VHTS卫星

2018年，欧洲通信卫星公司（Eutelsat）宣布订购下一代VHTS卫星系统——"KONNECT VHTS"，以支持其欧洲固定带宽和机载通信业务的发展。Eutelsat"KONNECT VHTS"卫星质量6.3t，由泰雷兹·阿莱尼亚宇航公司（TAS）基于"Spacebus-Neo"平台建造，安装有甚高通量有效载荷，传输速率500Gbit/s，卫星外形图如图2-8所示。该卫星将于2022年投入运营，将是迄今在轨安装有最强大数据处理器的卫星，具有灵活配置带宽容量、优化的频谱使用和渐进地面网络部署能力。

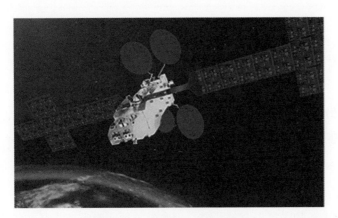

图2-8　KONNECT卫星外形图

KONNECT VHTS主要参数如表2-5所示。

除了欧美等国家之外，日本在20世纪末也曾对毫米波星间通信技术进行了大量的技术试验，对涉及的关键技术也进行了深入的研究，特别是在60GHz低噪声HEMT器件、MMIC变频器电路、放大器模块电路等方面，取得了重要的进展。印度空间研究组织（ISRO）也瞄准未来印度高通量卫星技术能力的发展，开展了相应的预研工作，于2016年对外宣布提出发展一个采用Q/V频段、容量高达260Gbit/s的卫星系统。

表2-5　KONNECT卫星主要参数指标

参数	描述
服务国家	国际
种类	通信卫星
运营商（Operator）	Eutelsat
承包商（Contractor）	泰雷兹·阿莱尼亚宇航（Thales Alenia）
设备	Ka频段载荷500Gbit/s高通量载荷
平台	Spacebus-Neo
能源	可展开太阳能双翼，电池
生命周期	15年
质量	6300kg
轨道	GEO

2.3　国内研究与发展现状

国内从2014年开始，在民商用通信卫星载荷能力提升中，提出了开展Q/V频段通信载荷研究的议题，2016年确立卫星上搭载Q/V频段载荷。2019年国内还规划了天地一体化信息网项目，高轨卫星馈电链路选用Q/V频段，开展基于Q/V频段的卫星通信系统研究和应用。

不过针对Q/V频段抗雨衰的研究，国内的主要研究方向还是在传统技术手段层面，通过综合网络管理与控制系统实现信关站间智能分配的技术也只处于起步阶段；同时，针对Q/V频段射频器件的选用与研制，较多的研究还是指向行波管功放[5]。

国内通过从情报研究、国际对标、市场项目论证、预研项目论证等途径中梳理了推动我国通信卫星发展的多个关键技术，各个途径均涉及Q/V技术。中国空间技术研究院通过实践二十号卫星开展面向Q/V馈电技术载荷研制，目的是开展Q/V信道特性研究、基于Q/V链路技术的HTS实时通信在轨验证、基于Q/V链路技术的HTS分时通信在轨验证。实践二十号卫星已于2019年12月底成功发射。2020年3月，开展了Q/V甚高通量载荷在轨测试，Q/V甚高通量载荷工作正常，首次实现了基于Q/V频段馈电技术的同步轨道高通量宽带卫星星地通信系统试验，开展了Q/V频段在各种气象条件下的大气传输特性、雨衰特性测试及相应的抗雨衰技术的研究，充分验证了系统业务通信能力。与之前发射的高通量卫星实践十三（中星16）号卫星相比，实践二十号卫星的Q/V频率带宽提高了近3GHz，达到了5GHz，能够为用户提供更多频率资源。作为未来高通量通信卫星使用的主要频段，Q/V频段是将来研制1Tbit/s及以上超大容量通信卫星主要使用的频段。经过实践二十号卫星的搭载验证，不仅能积累更多工程经验和在轨研制经验，也将打开Q/V频段在高通量卫星应用上的新天地。

在Q/V频段单机研究方面，Q/V天线为收发共用馈电波束天线，反射器口径为Φ1.75m，由天线反射器、馈源组件、双轴机构、锁紧释放装置等组成，已实现国产化。除此以外，V频段LNA、V频段的接收组件、Q频段的变频组件也均已实现国产化。

2.4 系统建设面临的问题与挑战

2.4.1 馈电链路强雨衰问题

2.4.1.1 Q/V频段雨衰（ITU模型）

使用更高频段进行卫星通信，可以获得更高的可用带宽，但是信号在传输过程中会经历严重的衰减。尤其是对于使用Q/V频段的馈电链路，大气损耗和降雨衰减更为严重。大气损耗，主要是大气中的氧气和水蒸气对电磁波的吸收，导致载波幅度损耗，氧气的吸收峰值在60GHz和120GHz，水蒸气的吸收峰值在20GHz左右；降雨衰减，由于降雨的原因，导致电磁波在地球与卫星的传播路径上能量被吸收，传播方向被改变，最终引起地面接收端信号强度减弱。

在图2-9中，举例说明位于北京的信关站在40/50GHz的大气总衰减的累积分布函数（CDF），雨衰仿真采用ITU模型。由此可见，为了提供99.9%的可用度，北京信关站在V频段需要40dB的裕度余量。

表2-6列出了中国10个主要城市在可用度达到99.9%时，大气、云和雨带来的衰减量，工作频段为V频段（50GHz）。

由表2-6可以看出，在中国使用V频段进行上行链路通信，想保证可用度99.9%，需要补偿的最大降雨衰减为68.65dB（站点位于中国广州），补偿的最小衰减为15.46dB（站点位于中国拉萨）。

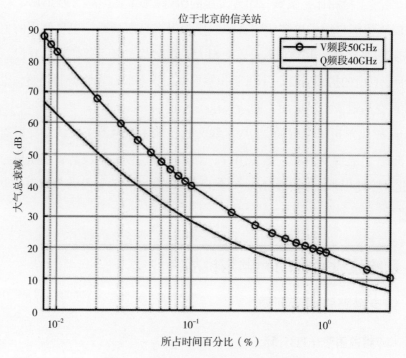

图2-9　联合大气衰减互补概率分布函数

表2-6　使用ITU模型仿真得出的中国主要城市V频段降雨衰减表（可用度99.9%）

站址	大气（dB）	云（dB）	雨（dB）	总计（dB）
北京	3.630	6.50	29.81	39.94
哈尔滨	3.823	6.35	27.86	38.03
西安	3.036	7.26	26.66	36.96
昆明	2.445	4.90	26.48	33.82
乌鲁木齐	4.135	3.02	12.31	19.46
拉萨	3.079	1.41	11.11	15.46
西宁	2.935	2.69	11.51	17.14
喀什	5.425	1.34	10.38	17.14
上海	2.931	9.32	39.69	51.94
广州	2.542	8.72	57.39	68.65

2.4.1.2 Q/V频段雨衰（其他模型）

为了对照不同雨衰模型可能带来的雨衰值仿真结果的不同，使用CraneT-C模型对中国10个主要城市进行了雨衰仿真，仿真结果如表2-7所示。

由仿真结果可以看出，使用CraneT-C模型，在相同地区，在相同降雨概率下，比使用ITU模型降雨衰减会高2dB左右。

表2-7 使用CraneT-C模型仿真得出的中国主要城市V频段降雨衰减表（可用度99.9%）

站址	大气（dB）	云（dB）	雨（dB）	总计（dB）
北京	3.630	6.50	26.95	37.08
哈尔滨	3.823	6.35	22.50	32.67
西安	3.036	7.26	22.24	32.54
昆明	2.445	4.90	33.38	40.72
乌鲁木齐	4.135	3.02	7.04	14.19
拉萨	3.079	1.41	0.00	4.489
西宁	2.935	2.69	6.21	11.84
喀什	5.425	1.34	21.73	28.49
上海	2.931	9.32	38.90	51.14
广州	2.542	8.72	64.10	75.36

2.4.2 不同点波束业务"忙闲不均"问题

在传统的多波束卫星通信系统中，分配给每个波束的功率和频率资源仅是整颗卫星资源的一部分，该系统往往只能在每个波束范围内调度可用的资源以满足用户多样化的需求，造成卫星资源的"碎片化"调度；随着多波束卫星通信系统容量的进一步增加，点波束数往往也会增加，不仅导致卫星资源"碎片化"现象的加重，也会造成卫星载荷的相应增加，最终导致资源全局调度效率的下降和卫星实现复杂度的上升。在空间信息网络中，由于业务类型的多样性、业务分布的空间不均匀性和时变性，这种"碎片化"的资源配置方式将会导致各波束频繁出现"忙闲不均"的现象，引起通信资源的巨大浪费，也很难实现面向多样化任务的高效传输和随需覆盖。

参考文献

[1] Cianca E, Rossi T, Yahalom A, et al. EHF for Satellite Communications: The New Broadband Frontier[J]. Proceedings of the IEEE, 2011, 99 (11): 1858–1881.

[2] ITU. Radio Regulations[S]. 2020.

[3] 刘清波，王权，张德鹏，等. Q/V频段卫星通信技术特点与应用[C]// 第十五届卫星通信学术年会. 2019.

[4] 原晋谦，罗一丹，高薇薇. 国外Q/V频段通信卫星发展态势分析[J]. 国际太空，2020 (7): 42–46.

[5] 袁丽，王悦，王权，等. Q/V频段卫星通信发展现状与关键技术分析[J]. 无线电工程，2021 (1): 78–86.

3 甚高通量卫星通信系统体系架构

本章考虑的主要参考场景是一个星形透明卫星网络，用于提供宽带用户接入服务，系统架构如图3-1所示。非再生高通量卫星系统用于在用户终端站（UT）和信关站（GWs）之间提供多波束连接。每个信关站负责管理一个子网（若干波束内的用户终端站），并接入当地的互联网；信关站之间通过地面光纤环网连接；网络运营控制中心（NOCC）可以和其中某个信关站共址，实现全网管理。

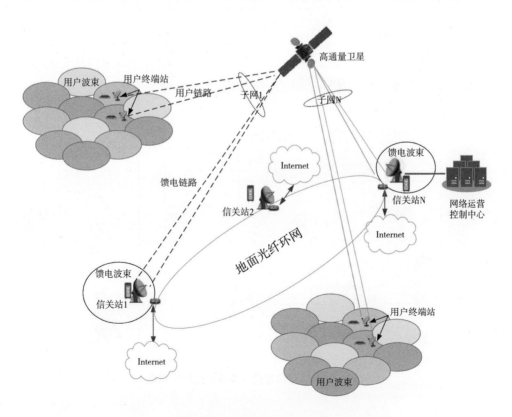

图3-1 配置透明转发器的高通量卫星通信网络架构

3.1 系统体系架构

Q/V频段甚高通量卫星通信系统同样由空间段、地面段和用户段组成。系统使用Q/V频段作为馈电链路通信频率，使用Ka频段作为用户链路通信频率。系统的体系架构如图3-2所示。甚高通量卫星通信系统主要包含以下几个关键部分：

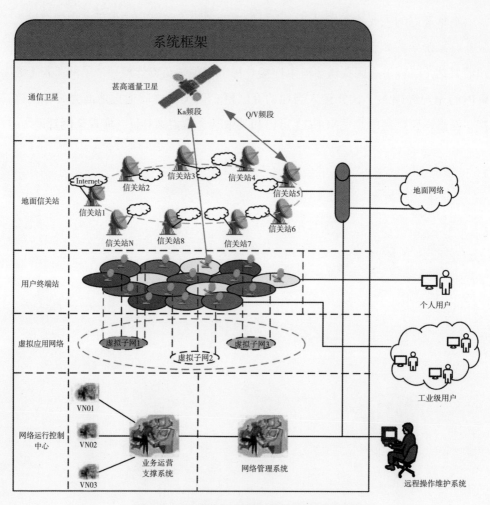

图3-2　Q/V频段高通量卫星通信系统架构图

①VHTS通信卫星：搭载Q/V频段通信载荷，使用弯管转发器。馈电链路使用Q/V频段，Ka频段完全分配给用户链路使用，充分利用频率资源。②信关站：信关站通过卫星与用户终端站建立前返向通信链路。多个信关站之间通过地面环网实现互联互通，每个信关站的业务数据通过本地接入互联网。信关站和网络运行控制中心（NOCC）通过VPN互联，传输的数据包括信关站设备的运行状态信息、网管信息、视频监控信息、载波监视信息等。③用户终端站：系统处于工作状态时，一个用户站可由一个或多个信关站服务。④网络运行控制中心：网络运行控制中心实现网络中设备状态的监视、控制，以及对全网的卫星资源进行统一管理和调度功能，提供包括客户关系管理（CRM）、计费账务、综合结算和营销分析等应用增值服务。除此之外，还具有信关站传输信道雨衰估计、切换判决等功能。

3.1.1　系统网络拓扑

　　信关站组网采用星状网拓扑结构，端站与信关站通信采用单跳链接，端站与端站通信采用双跳链接，如图3-3所示。当两个端站分属不同的信关站管理并需要通信时，需要通过两个信关站之间的地面网络转接。

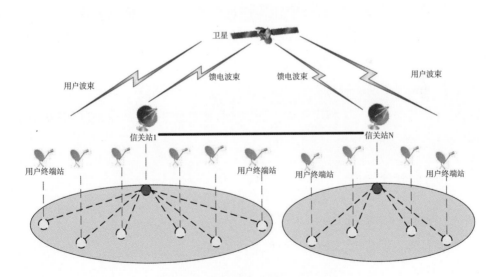

图3-3　甚高通量卫星网络拓扑图

该网络结构特点如下：

（1）以信关站为中心，终端站为通信节点，信关站负责对其所属网络内各种类型的终端站进行管理，并协调该网资源和设备的分配，使该网络中各种终端正常运行，该结构下支持大量终端站通信节点的并行接入，支持网络规模的升级。

（2）由信关站进行全网数据的统一接入、中转，网络架构简单高效，可支持大规模端站同时在线管理。

（3）支持系统网络架构不变的情况下，通过增加信关站的调制器和解调器实现用户数量和业务容量的平滑扩展。

（4）以信关站为中心，终端站为通信节点，这种结构利于网络容量的扩展，后续可在此基础上接入其他连接应用，实现网络应用的多元化支持。

（5）各终端站与信关站之间都能进行双向互联互通，采用 TDM/MF-TDMA 通信体制设计，充分发挥前向大载波、回传多载波分时复用优势，在卫星通信过程中，实现业务数据大吞吐量、高复用互联互通功能。

3.1.2　系统网络管理架构

网络管理系统（NMS）主要实现对卫星通信网络中信关站基带设备和用户终端站进行管理和监视，对全网的卫星资源进行统一管理和调度，为HNO/VNO提供统一的管理平台，通过标准的北向接口为业务运营支撑系统（BSS/OSS）提供信息服务。系统的网络管理架构如图3-4所示。

甚高通量卫星通信网络规模一般都比较大，NMS可将各个服务以代理节点的形式进行分布式部署，NMS代理从本地取数据更方便快捷，从而提高系统的服务质量。

3.1.3　虚拟网络运营

3.1.3.1　网络运营商的角色

系统支持三类用户：HNO，VNO，SVN Group。

（1）HNO：Host Network Operator, 主网络运营商，基带设备所有者。

（2）VNO：Virtual Network Operator, 虚拟网络运营商，从 HNO 租用带宽并销售给最终用户者。

（3）SVN：Satellite Virtual Network，卫星虚拟网，管理最终用户的逻辑组。

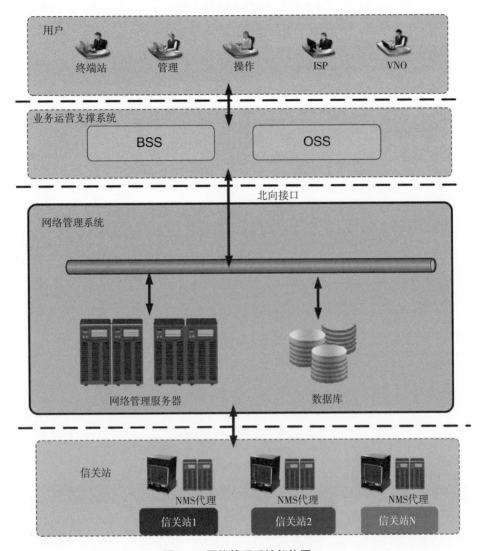

图3-4 网络管理系统架构图

　　主网络运营商与虚拟网络运营商的权限对比如表3-1所示，逻辑关系如图3-5所示。

表3-1　HNO-VNO权限对比表

角色类型	功能集合
HNO	管理VNO账户（含SVN组）
	链路资源的规划与分配
	开户、销户及业务变更
	监控全网（含基础设施及全部终端）的实时状态
	查看全网的历史信息（含报表）
	按VNO查看历史信息及报表
	按SVN查看历史信息及报表
	按终端查看历史信息及报表
VNO	所租用链路资源的规划（仅硬件及灵活的VNO）
	监控所租用的链路资源的实时状态
	监控自有客户（终端）的实时状态
	查看自有客户的历史信息（含报表）
	按SVN组查看历史信息及报表（仅限自有SVN组）
	按终端查看历史信息及报表（仅限自有终端）

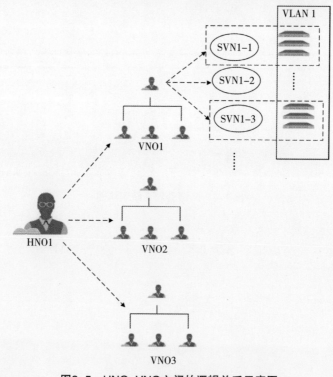

图3-5　HNO-VNO之间的逻辑关系示意图

3.1.3.2　虚拟网络运营的类型

VNO主要有3种类型：

- 软件VNO（共享前向和回传资源）
- 硬件VNO（独占前向和回传资源）
- 软硬件结合VNO（共享前向独占回传资源）

为满足以上3种不同类型VNO的运营需求，HNO可以为其创建一个或多个SVN（即虚拟卫星网络，它是HNO和VNO之间建立合作的基础）。每个SVN按前向和回传，有如下资源分配策略：

（1）前向链路

①共享模式：

- 网管根据前向带宽（Mbit/s）查找合适的网络段
- 为该SVN定义一个VLAN（用于QoS策略）
- 采用QoS策略实现带宽分配

②独占模式：

该SVN（VNO）独占调制通道设备，拥有一个独立的网络段。

（2）回传链路

①共享模式：

实现同前向共享方案。

②独占模式：

a. 独占设备：

该SVN（VNO）独占解调通道设备，拥有一个独立的回传链路。

b. 独占频带：

独占频带模式的实现方法描述如下：

（a）根据频带范围，查找合适的网络段，建立新的回传链路，该回传链路与其他链路共用一个解调通道，关联超帧初始只有信令载波。

（b）根据用户业务和使用需求，重新定义载波和帧类型。

（c）修改回传链路的超帧。

3.1.3.3　虚拟网络运营的功能与性能指标

VNO主要完成划分卫星虚拟网（SVN），终端VLAN口划分和支持虚拟运营的功能；虚拟运营商间独立管理所属的终端和链路资源配置；支持卫星虚拟网独立限速和保障速率配置；支持系统网络业务隔离功能。

（1）功能：

①支持多VNO账号同时登录操作；

②支持VNO账号的操作权限管理；

③支持SVN共享回传和前向链路，独占回传链路、共享前向链路，独占回传和前向链路三种配置方式；

④同一VNO账号可同时混合管理三种配置方式的SVN；

⑤共享回传和前向链路的SVN支持终端上下线和业务通断配置，前向回传业务限速和保障速率配置功能；

⑥独占回传链路、共享前向链路的SVN支持终端上下线和业务通断，回传链路参数配置，前向回传业务限速和保障速率配置功能；

⑦独占回传和前向链路的SVN支持终端上下线和业务通断，终端增删，前向和回传链路参数配置，前向回传业务限速和保障速率配置功能；

⑧支持终端LAN口VLAN自动配置；

⑨支持终端LAN口VLAN间业务隔离；

⑩支持SVN间终端业务隔离和互通；

⑪支持VNO间终端业务隔离；

⑫支持SVN限速和保障速率。

（2）性能指标：

①系统最大支持创建254个虚拟运营网；

②每个虚拟运营网支持最大管理254个卫星虚拟网（SVN）；

③系统最大支持划分4094个VLAN；

④每个终端LAN口支持最大划分8个VLAN；

⑤SVN限速和保障速率误差范围为5%。

3.1.3.4　用户终端站业务隔离策略

主站对用户终端间业务按照表3-2方式进行隔离，只有VNO、SVN和VLAN全部相同的小站，相互之间的业务才可以互通。在表3-2中，VNO、SVN设定默认值。

表3-2　用户终端业务隔离策略分级

第1级	第2级	第3级
VNO	SVN	VLAN

（1）属于默认 VNO 的终端，则可以给全网所有终端发送业务。

（2）不属于默认 VNO，但属于默认 SVN，则可以给同一个 VNO 下的终端发送业务。

3.2　信关站

3.2.1　信关站组成和工作流程

信关站包含天线分系统、射频分系统、基带分系统、路由交换分系统和监控分系统，如图3-6所示。

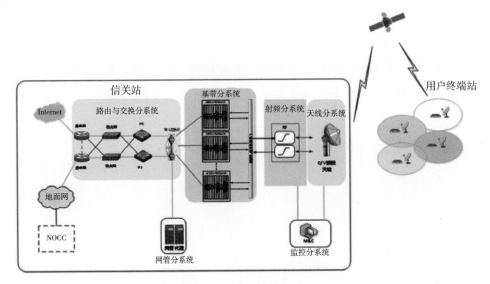

图3-6　信关站组成图

（1）天线分系统负责把射频分系统发射的电信号转换成电磁波发射到卫星，以及接收卫星电磁波信号转换成电信号送至射频分系统。卫星在轨道上的位置会有一定范围的漂移，天线还要能够保持跟踪，使天线准确地对准卫星。天线分系统包括天线反射面、馈源、跟踪接收机、ACU 和 ADU 等设备。

（2）射频分系统负责把中频（L频段）信号上变频、放大、发射到卫星链路，以及卫星链路射频（Ka频段）信号的接收、放大和下变频，此外还要完成功率控制、天线控制等功能。

（3）基带处理分系统主要用于卫星资源的管理与分配、基带数据（业务数据、网管数据）的处理、封装、调制、解调、纠错以及卫星接口的适配等功能。分系统由调制器、突发解调器、网络控制器、时频设备以及相关辅助设备（机箱、机箱管理板、交换控制板）组成。其中调制器、突发解调器、网络控制器组成为一个网络节点。整个基带处理分系统集成到一个机箱中。

（4）路由交换分系统：路由交换分系统由交换机、路由器、防火墙及IDS等组成，其主要用于传输内部和外部的基带网络数据，提供外部Internet接口和地面光纤网接口。

（5）网管分系统：网管分系统主要是实现信关站网络资源以及用户的管理；对所属端站进行统一控制及资源分配；为操作者提供友好便利的操作接口，便于管理整个信关站及网络；存储和管理整个信关站日志及历史信息；基于不同操作管理员提供不同级别的用户权限，提供告警服务。

（6）监控分系统：监控分系统集中监视和控制站内主要设备的工作参数、工作状态；对设备故障进行记录、报警；提供图形显示功能，包括全站设备运行总框图。

信关站与用户终端站之间的数据传输流程如图3-7所示。

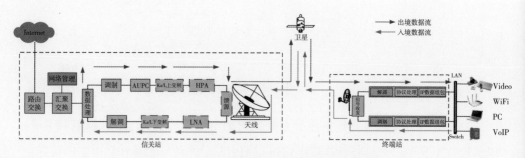

图3-7　信关站与终端站之间的数据传输流程图

3.2.1.1　前向链路数据处理流程

（1）发射数据流形成

管理数据流、业务数据流通过交换机汇集成一个综合IP数据流，通过路由转发给数据处理单元。

（2）数据处理

数据处理单元（主要包括网络控制和加速服务）接收发送给终端的IP数据流。首先通过TCP加速、QoS处理等，进行私有协议数据编码，把相关的调制编码（ModCod）信息加到IP头部中，然后再把数据转发到调制器进行编码调制后发送。

（3）编码调制

调制器按优先级处理数据包，把数据包封装成帧，把相同调制编码的帧封装到BBframe帧（基带帧）中，并对BBframe帧进行调制，ACM情况下，调制器将根据小站链路情况使用合适的调制编码方式。另外，调制器完成IP封装任务，进行BBframe帧处理、FEC编码（BCH和LDPC）和载波处理（0.05、0.1、0.2等不同滚降），调制方式包括QPSK、8PSK、16APSK等，调制器完成调制输出L频段信号。

（4）上行功率控制

L频段信号被送入上行功率控制器AUPC，在AUPC内部经过一个计算机控制的衰减器。AUPC同时接收来自信标接收机的直流电压，并根据这个直流电压的变化自动控制AUPC内部的衰减器的衰减量。经调整后的L频段信号被输出到上变频器。

（5）上变频

上变频器负责将L频段载波信号的频率变换到Ka频段，以适应Ka频段卫星信道转发。

（6）高功率放大和天线发射

来自上变频器的Ka频段信号通过射频电缆传输给高功率放大器，信号被放大到指定的功率后，通过波导连接到天线馈源的发射端口，经信关站天线发送到卫星。

（7）终端站接收和低噪声放大

信关站出境载波经卫星转发后，变换为用户端下行信号，由终端站的天线接收，经馈源输送到终端站的射频模块输入口，射频模块对卫星下行信号进行低噪声放大，将信号以L频段输送给解调模块。

（8）载波解调和数据包过滤

终端站的解调模块对载波进行解调、解码、解扰处理，将数据恢复并传送到组包模块，把数据解码还原为IP数据包，之后通过以太网口发送给用户网络设备。

3.2.1.2 返向链路数据处理流程

（1）数据流形成

终端站需要发往卫星的数据业务都是基于IP协议的IP数据包，来自终端站侧的用户网络设备，同时还包括终端站设备本身生成的网管管理数据（状态、配置、告警、日志等），这些IP数据包经终端站汇集成一个数据流，并通过以太网口输出到终端站的调制解调模块。

（2）协议处理和编码调制

终端站的协议处理模块将发送的业务进行IP多优先级队列处理，将数据按照QoS进行出队和协议封装，形成突发数据包，然后根据空间资源时隙分配表分配TRF（Traffic）时隙，并进行FEC编码（Turbo）形成TRF数据发送到调制模块；调制模块负责数据调制，生成L频段信号并通过射频接口发送给天线射频单元。

（3）上变频/功率放大和天线发射

终端站调制模块输出的L频段载波被发送到射频单元，射频单元首先对该L频段载波进行上变频，将频率变换到Ka频段，然后再进行功率放大，放大后的Ka频段信号经天线发射向卫星。

（4）信关站接收和低噪声放大

终端站回传载波经卫星转发后，变换为馈电波束下行信号，由信关站的天线接收，经馈源输送到信关站LNA的射频输入口，LNA对卫星下行信号进行低噪声放大，然后通过信关站的射频电缆传输至下变频器。

（5）下变频和有源功分

下变频器接收到LNA送来的Ka频段信号后，将其变换到L频段。L频段信号经有源功分器，从一路信号分成多路信号，与信关站的多路解调器相连。

（6）载波解调和数据包过滤

解调器接收到卫星入境信号后，对入境数据进行解调和解码，重新对TRF数据排序，并发送至数据处理单元处理。

数据处理单元将数据还原为IP数据，并通过路由协议的选择把IP数据包转发至互联网。

3.2.2 天线分系统

3.2.2.1 天线座架类型

常用的地球站天线有反射面天线、平板天线及相控阵天线等，其中反射面天线特别适合在高的微波频段形成高增益的笔形或赋型波束[1]，是大型地球站天线中最广泛的应用形式。

由于天线座架形式的不同，信关站反射面天线主要被分为三种类型：

• LMA：Limit Motion Antenna 限动天线

• THA：Turning Head Antenna 摇头天线（大转动范围或者半全动天线）

• FMA：Full Motion Antenna 全动天线

三种类型的天线座架性能对比表如表3-2所示。

表3-2　天线座架对比表

	LMA	THA	FMA	备注
驱动方式	使用两根丝杠（方位、俯仰丝杠）驱动天线	在方位轴上使用齿轮驱动，俯仰轴上使用丝杠驱动	在方位和俯仰轴都使用齿轮驱动	
轴系精度	单电机、丝杠消隙	方位双电机消隙，俯仰丝杠消隙	双电机消隙，性能更优	全动天线各轴系精度均高于限动天线
转动范围	单扇区方位转动100°	方位360°，俯仰5°~90°	方位任意角度，俯仰任意角度	
转动速度	0.1° 以内	方位较快，俯仰较慢	最快可达1°	
结构强度	中	高	结构强度更强	
抗风性能	中	高	抗风性能更好	
成本	较低	中	较高	
应用场景	C、Ku频段通信天线	Ka频段通信天线	Ka频段通信天线 卫星测控、定轨天线，遥感天线	

LMA较多的应用在C、Ku频段通信中，所执行的任务对天线转动能力，指向和跟踪精度要求不高，可以节省系统建设成本。

THA运动速度慢，精度比FMA低，相对不适合高频率、大范围的回转运动。由于其结构和性能特点，THA天线能够在工作风速内，相对较好地保持自身的跟踪精度来满足Ka频段跟踪要求，适宜跟踪同步静止轨道的卫星，而且其成本也相对较低。这类天线主要应用在通信站、关口站，特别在Ka频段通信中，THA天线具有较高的性价比。

FMA较多应用在卫星测控、卫星定轨、卫星遥感地面站等，其执行的任务需要天线具有很高速的转动能力，极高的指向和跟踪精度，覆盖天空范围大，能对在轨或者对正在进入轨道的卫星或者其他空间目标进行实时跟踪和姿态获取，能够满足卫星过顶需求。比如国家的卫星测控网，大多都装备的FMA。除此之外，对于大型Ka/Q/V频段通信天线，为更好地与跟踪性能匹配，提高结构强度、抗风强度，或者地球站建造在赤道附近，一般采用FMA。甚高通量通信卫星地面信关站采用Q/V频段抛物面天线，座架形式选择FMA。

3.2.2.2　Q/V频段天线功能和指标要求

信关站常用的Q/V频段的天线口径有4.5m、6.2m、7.3m、9m、11m和13m，具体选型需要根据链路计算的结果来确定。本节以13m天线为例介绍其功能和主要技术指标。

13mQ/V频段天线的功能要求：

（1）具有发射V频段信号和接收Q频段信号能力。

（2）具有单脉冲自跟踪能力。

（3）具备本/远控切换能力。

（4）具有限位保护装置，确保人员和设备安全。

13mQ/V频段天线的性能指标要求：

①天线口径：13m。

②工作频段：Q/V频段。

• 发射：47.2～50.2GHz。

• 接收：37.5～42.5GHz。

③天线增益

- 发射：$G \geqslant 72.7+20\lg[f/f_0]$dBi（$f_0$=47.2GHz）（馈源网络发射入口）。

- 接收：$G \geqslant 71.2+20\lg[f/f_0]$dBi（$f_0$=37.5GHz）（馈源网络接收出口）。

④天线旁瓣特性：

- 第一旁瓣：≤–14dB。

- 广角旁瓣：旁瓣峰值90%满足如下包络线，超标量小于3dB，满ITU_R.S580–5规定。

　　◇ 29–25lg（θ）dBi　　　　（1°≤θ<20°）

　　◇ –3.5dBi　　　　　　　　　（20°≤θ<26.3°）

　　◇ 32–25lg（θ）dBi　　　　（26.3°≤θ≤48°）

　　◇ –10dBi　　　　　　　　　（θ>48°）

⑤天线噪温：≤300K（测试条件：10°仰角、晴空）。

⑥极化方式：双圆极化同时工作。

⑦圆极化轴比：≤0.75dB。

⑧电压驻波比：≤1.5∶1。

⑨收发隔离度：≥85dB。

⑩功率容量：≥320W。

⑪天线座架形式：方位俯仰全转台式。

⑫天线转动范围：

- 方位：90°～270°（以正南为中心±90°）；

- 俯仰：5°～90°。

⑬转动速度：

- 方位：0.001°/s～1°/s；

- 俯仰：0.001°/s～1°/s。

⑭跟踪精度：优于1/10波束宽度。

⑮指向精度：优于1/5波束宽度。

⑯天线控制模式：手控位置、手控速度、预置位置、自动搜索、单脉冲跟踪、记忆跟踪。

⑰位置显示分辨率：0.001°。

⑱跟踪信号形式：单载波信标、标准TT&C信号。

3.2.2.3 Q/V频段天线组成

Q/V频段13m天线主要由天馈子系统、天线结构子系统、伺服控制子系统、跟踪接收子系统和辅助设备等组成。Q/V频段13m天线配合射频系统完成向卫星发射V频段上行注入信号，接收卫星Q频段下行信号，实现Q/V频段高轨卫星全天候实时跟踪的工作需求。图3-8为Q/V频段13m天线结构外形，图3-9是组成框图。

图3-8　Q/V频段13m天线外形图

各子系统简介如下：

（1）天馈子系统

天馈子系统由主反射面曲线、副反射面曲线、馈源网络和馈线等组成，天线主副反射面采用修正型环焦形式。天馈子系统的主要功能为接收卫星下行信号，并传送到后端信号处理设备；接收功放发送的上行射频信号，发送到目标卫星。

（2）天线结构子系统

天线结构子系统主要包括天线反射器和天线座架两部分。天线反射器主要对天线主副反射面及馈源网络起支撑作用，配置有大容量的中心体，满足射频设备的安装需求。天线座架的主要作用是支撑天线反射器，另外可以在伺服控制设备

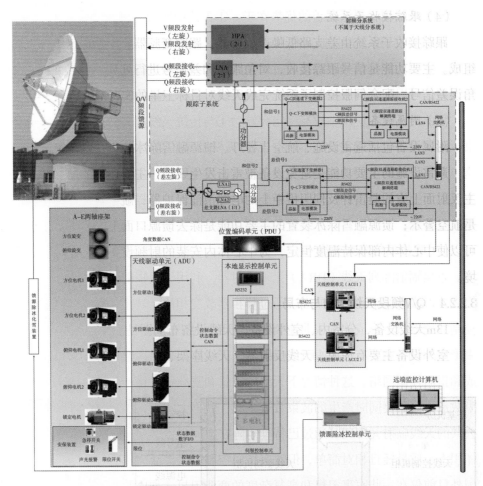

图3-9 Q/V频段13m天线组成框图

的控制下完成预定的方位俯仰运动。天线座架采用双电机电消隙驱动方式，指向精度高。

（3）伺服控制子系统

伺服控制子系统主要由天线控制单元（ACU）、天线驱动单元、驱动电机、位置编码单元、配电和安全保护单元组成。伺服控制子系统的主要功能为通过对天线的驱动控制实现其精确指向，以满足对目标实现精确跟踪的需要。伺服系统低速响应好，功能齐全操作方便灵活的特点。以双电机电消隙方式构成方位、俯仰驱动链，可以提高天线座的结构谐振频率，展宽伺服带宽。

（4）跟踪接收子系统

跟踪接收子系统由差支路低噪声放大器、跟踪变频器、单脉冲跟踪接收机等组成。主要功能是信号跟踪接收，对角跟踪和差信号进行处理，提供方位、俯仰角误差信号，配合伺服控制子系统完成天线对目标卫星的实时对准。

（5）附属设备

附属设备包括避雷设施、航空告警灯、馈源融雪除冰装置和空调等。

避雷设施的主要功能是避免设备被雷击发生毁损，主要包括位于副面上方和主反射面上方的避雷针及伺服机柜上的电源浪涌保护器；航空告警灯的主要作用是航空警示；馈源融雪除冰装置的主要功能是除去馈源口面上的积雪；空调设备可以使中心体内部保持温度恒定，为中心体内安装的射频设备提供良好的工作环境。

3.2.2.4 Q/V频段天线结构与布局

13m天线设备，分室内、室外设备。天线设备布局图见图3-10所示。

室外设备主要有馈源、天线反射器、天线座架、除冰融雪单元等组成，它们

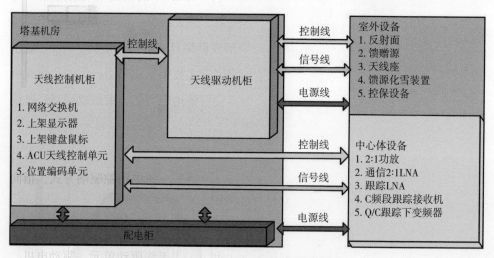

图3-10 天线设备安装布局示意图

安装在天线基础上。室内设备主要有天线控制设备、天线驱动设备等设备，安装在射频机房内。

天线机械结构主要包括13m天线反射体及AZ-EL全转台天线座架；采用高强

度空间桁架结构反射体背架和方位俯仰轴基面一体成形座架；采用方位、俯仰双电机电消隙结构，提升天线指向精度；天线结构安装在混凝土塔基之上，总体结构示意图如图3-11所示。

天线反射体主要由主反射面、副反射面、副反射面支撑结构、反射体骨架、

图3-11　天线结构示意图

定位调整装置和馈源套筒等组成，重量约为17.5t。天线座架是天线反射体的支撑与定向装置，在伺服系统控制下，带动天线反射体准确地跟踪目标。由方位机构、俯仰机构、平台和爬梯等组成，方位底座下端安装在天线塔基上面，两侧的俯仰支臂上端安装天线中心体。天线座架总重量约为58t。

天线具有良好的维修便利性。人员可以通过塔基内部的爬梯到达方位箱体、俯仰箱体；在天线指平状态，从俯仰箱体的维修门直达天线中心体内。在俯仰箱体外侧设置有维修平台和吊装设备，可将需维修设备或大件仪器设备在地面与维修平台间转运。其中吊装设备的水平移动和收藏方式为手动，垂直起吊装置为电

动，起吊重量为500kg。

伺服设备安装在塔基机房内，由伺服控制设备（天线控制机柜，2m高，19寸标准机柜1台）、天线驱动设备（天线驱动机柜，2m高，工业机柜1台）两大部分组成。天线控制机柜1套：网络交换机、天线控制单元（ACU）2台、上架键盘鼠标1台、上架液晶显示器1台、位置编码单元1台等设备；天线驱动机柜1套：伺服控制单元、锁定控制单元、方位驱动单元、俯仰驱动单元、配电安保单元等设备。

天线控制机柜和天线驱动机柜安装于天线塔基机房内，机房内安装放置空调。天线控制机柜（1台）由1台标准19英寸机柜组成，尺寸为宽600mm，深800mm，高2000mm，重量约140kg。天线驱动机柜安装于天线驱动机房内，机房内放置空调制冷。天线驱动机柜（1台）采用标准工业机柜，该机柜尺寸为宽1200mm，深800mm，高2000mm，重量约450kg。所有内置设备均为工业标准导轨安装。

3.2.3　射频分系统

3.2.3.1　射频分系统组成

射频分系统作为信关站至关重要的组成部分，其性能对于整个通信系统有着直接影响。射频前端收发组件主要处理天线端到数字处理模块之间的高频信号部分，可分为下行链路和上行链路。

下行链路包含低噪声放大器和下变频器，主要将由天线所接收到的空间中的微弱电磁波还原，由于空间的电磁环境复杂，干扰多样，且所接收到的信号会随着空间和时间而变化，因此接收机的灵敏度、失真度都对信号还原处理有着至关重要的影响。因此接收机需要对于天线端所接收到的信号进行预筛选、放大、混频等处理，进而转换成基带信号交给后端处理。

上行链路包含自动增益控制器（AUPC）、上变频器和功放，主要将基带信号调制、上变频且经过放大后由天线辐射到空间中，从而完成信息的传递。由于在不同的应用场合，发射机所要发射的信号的传输距离、传输环境有所不同，为确保信号在传输过程中不会衰减到接收机灵敏度范围之外，一般需要在发射机的末端对发射信号进行放大，从而保证辐射到空间的电磁波在传输距离和覆盖范围等指标上满足系统要求。

　　射频分系统组成示意图如图3-12所示，下行链路和上行链路各包含两个相同的通道，分别对应天线的右旋圆极化和左旋圆极化，再增加一个通道用于备份。图3-12上下变频器各包括多个通道，通道数量取决于上下行使用的具体频率范围。

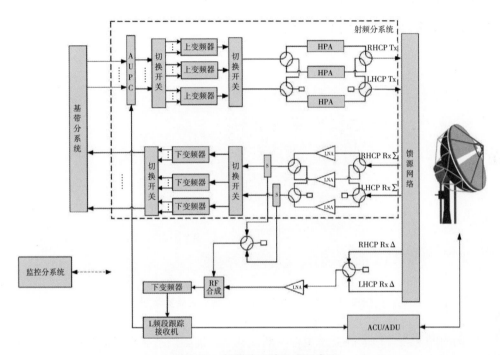

图3-12　射频分系统组成示意图

3.2.3.2　高功率放大器

　　高功率放大器是整个射频链路的重要组成部分，该设备的主要作用是将射频信号放大到整机所需功率值，为保证正常通信提供足够的信号功率。

　　现阶段Q/V波段宽带线性高功率放大器的实现主要有两类技术：固态功率管进行多芯片波导合成和高频行波管方案。

　　（1）行波管高功率放大器

　　行波管放大器在国外有着较长的使用历史，当前国外真空管厂家众多，竞争激烈，不断地推进技术进步，以满足新系统的要求。目前最新的TWTA在Q/V波段输出功率可以达到100W以上，CPI和Xicom两个厂家已研发出了250W大功率行波管高功率放大器。

美国CPI公司V频段250W行波管放大器实物图如图3-13所示，其关键技术指标：输出频率47.2～51.4GHz；输出功率250W（峰值），100W（法拉口）；增益≥65dB；增益稳定度≤0.25dB/24h；增益波动≤2.5dB（1GHz带宽内）；增益斜率≤0.04dB/MHz；AM/PM转换≤2°/dB；互调失真≤−25dBc（输入两个幅度相等的载波，且每个载波的输出功率为40W）。

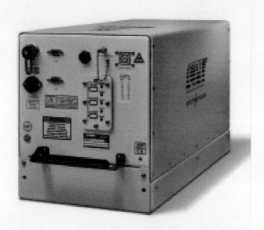

图3-13　Q/V频段250W行波管放大器实物图

国内的行波管厂家的技术也在不断提高，目前国内基于TWT的宽带高功率微波放大器也已可以实现100W以上的输出功率，但4GHz线性极化器，目前国内没有成熟的产品，均在研发阶段。

（2）固态高功率放大器

国外目前没有成熟的大功率固态放大器应用。国内目前有成熟的6W固态高功率放大器单片，可采用功率模块进行合成方式，通过合成器和波导滤波器最终输出100W，但合成后的指标符合度还没有得到验证。

固态高功率放大器和行波管放大器的各自优缺点见表3-3。

表3-3　固态功率放大器与行波管优缺点

项目	固态	行波管
线性回退	线性稍好，需回退约3dB，为满足50dBm的线性输出，放大器1分贝压缩输出功率（P1dB）功率约53dBm	线性较差，需回退约4dB(配线性化器)，为满足50dBm的线性输出，管子功率至少250W
体积	偏大	约570mm×300mm×270mm
效率	10%～20%	30%～40%
功耗	1200W，热耗约1000W	800W，热耗约500W
国内外成熟度	国外有成熟5～6W单功率片，国内刚研发出6W单功率片，测试功率达标，但合成后的线性度未知	国外仅CPI和Xicom有250W行波管，国内还未突破200W
制约问题	体积偏大，对中心体安装空间要求苛刻；热耗大，散热设计难；无成熟产品经验，合成后指标待验证	国外产品自主可控问题，此类产品并未明确是否禁售

3.2.3.3　上变频器

　　Q/V波段上变频器主要包括变频单元、合路单元和本振单元。变频单元的功能主要是将中频信号上变频至射频所需频率，本振单元的功能是为变频单元提供低相位噪声的稳定频率，合路单元的功能是将变频单元的频率进行频率合成，合成后的频率送入功率放大器进行功率放大。整体上变频模块组成框图如图3-14所示。

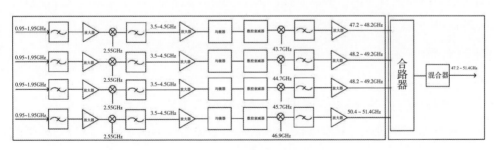

本振单元

图3-14　上变频模块组成框图

由于射频带宽可达4GHz，而中频频率较低（C波段以下），这样的话中频的带通滤波器较难实现，且频段内低端频点的二次谐波会落入带内，无法滤除，因此需要将4GHz带宽分成4个通道去做，每个通道约为1GHz带宽，之后经过合路器合成4GHz带宽，中频频率选用的频点为3.5~4.5GHz，选取该中频频率的目的是3.5GHz的二次谐波为7GHz，距离带内较远，可以使用滤波器轻易滤除，同时射频信号可以容易用腔体滤波器滤除本振信号频率。

3.2.3.4 低噪声放大器

低噪声放大器是具有优良噪声特性而增益较高的小信号放大器，位于接收机的前端，低噪声放大器的性能不仅制约了整个接收系统的性能，而且，对于整个接收系统的技术水平的提高，也起了决定性的作用，是决定整个接收系统噪声特性的关键部件。

Q频段低噪放模块组成框图如图3-15所示：

图3-15 低噪声放大器整体组成框图

该低噪声放大器主要由包括2个隔离器、3级放大器、固定衰减器和温补衰减器组成，在低噪声模块的输入输出端使用隔离器对输入输出端口进行驻波优化。对于低噪声放大器来说，噪声系数的大小主要取决于第1级放大器的噪声系数以及第1级放大器之前的隔离器。第1级放大器之后为连续两级同型号的放大器，同时在两个放大器之间插入固定衰减器改善级间驻波。

3.2.3.5 下变频器

Q波段下变频器的主要功能是将Q波段信号分为若干个通道并分别变频至中频信号，然后分别进行放大滤波后送基带，通道数量取决于输入信号的频率范围。根据Q波段下变频器的功能需求，组件设计分为两个设计单元，分别为下变频单元、本振单元。假设输入信号频率38.5~42.5GHz，需要信号分成5个通道来处理，下变频器的整体组成框图如图3-16所示。

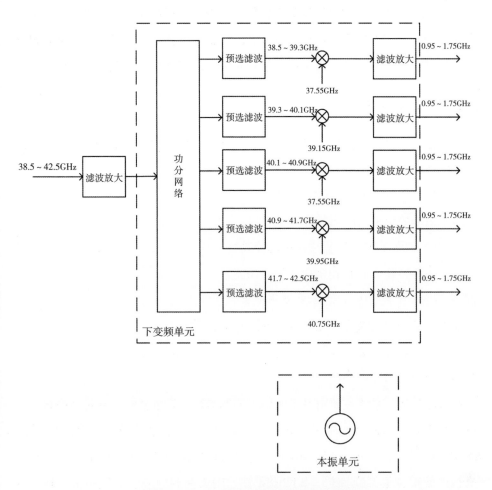

图3-16 Q波段下变频器的整体组成框图

下变频单元是将接收到的Q波段信号经功分后通过不同预选滤波器分为5个不同频段的通道，并分别对其进行低噪声放大及相应滤波处理，后经一次变频至相同的中频信号，经滤波及放大后输出；本振单元的功能是为下变频单元5个通道提供变频所需的一定功率的本振信号。

3.2.3.6 上行功率控制器

为了适应不同的天气环境、不同的应用需求和不同的卫星参数，要求地面站能够提供合适的功率输出。因此，需要实时调节地面站输出功率。但一般不直接调节功放自身的输出功率，而是通过在基带设备和上变频器之间增加一个自动可调衰减器来控制地面站输出功率。该衰减器被称作上行功率控制器（Up-Link

Power Control, UPC）。它通过调节上行信号功率来补偿由于各种天气变化引起的信号功率变化。UPC根据接收到的参考电压来调整内置衰减器增益，从而控制输出信号功率。该参考电压正比于接收信号功率，该信号一般为卫星信标信号。

3.2.4　基带分系统

基带处理分系统主要用于基带数据的处理、封装、调制、解调、纠错以及卫星接口的适配等。其功能描述如下：

（1）端站回传数据的接收功能。

（2）信令的生成与解析处理功能。

（3）IP数据与DVB数据之间的转换功能。

（4）支持多载波调制和多载波解调功能。

（5）提升IP层的传输性能及服务质量。

（6）具备TCP加速及服务质量保证（QoS）功能。

（7）卫星资源的管理与分配功能。

（8）全网时间同步功能。

典型的基带分系统主要由基带机箱、调制器、突发解调器、基带交换板卡、网络控制中心（NCC）、加速服务器、汇聚交换机、NTP服务器、合路器/分路器组成，如图3-17所示。其中调制器、突发解调器、基带交换板卡等集成到基带机箱中使用，汇聚交换机、NTP服务器、网络控制中心、加速服务器均是标准设备。

（1）基带机箱为调制器、突发解调器、基带交换板卡等提供承载，由外壳、背板、机箱控制器、电源模块、风扇模块等组成。

（2）调制器完成前向数据封装及编码（BCH+LDPC）调制功能。调制器通过基带机箱背板接收来自数据处理单元所发送的数据，依照DVB-S2X协议，对数据进行基带处理（主要过程包括扰码、BCH+LDPC编码、比特交织、星座映射、物理层成帧、成型滤波等），经过基带处理后的信号将被发送到合路器。

（3）突发解调器完成回传数据解调、解码功能。突发解调器通过基带机箱背板接收射频系统发送过来的L频段信号，依照DVB-RCS2协议，对数据进行基带处理（主要包括ADC、信道化、匹配滤波、载波同步、捕获、译码、解扰等），

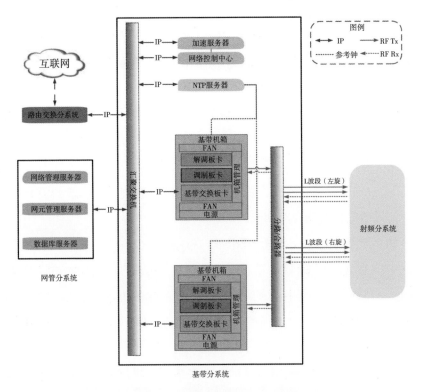

图3-17 基带分系统组成示意图

经过基带处理后的数据包连同数据包的功率、频率、时间等信息发送给网络控制中心。

（4）基带交换板卡完成以太网交换功能，用于机箱内各板卡之间的以太网数据交互，以及机箱内板卡与机箱外设备的以太网数据交互。

（5）网络控制中心（NCC）用于卫星网络控制，实现了接入控制、频率和时隙资源分配、协议转换等核心功能。与调制器通过调制通道进行数据交互，NCC给调制器发送前向业务及信令数据，调制器给 NCC 反馈速率控制；与解调器通过解调通道进行业务数据交互，解调器将解调出的回传信令和业务数据发送给NCC，并附带频偏、功率、时间等信息，NCC 将时隙分配情况发送至解调器；与网管分系统的网管软件进行配置管理和状态监控数据的交互。

（6）加速服务器利用 TCP 欺骗，网页预获取、压缩和分布式 Web 缓存等技术，优化了 TCP 拥塞控制算法，加快了碰撞检测窗口的扩展速度，提高了碰撞检测的响应速度从而实现了应用加速功能，适用于卫星通信长延时情况，可提升用户 TCP、HTTP 等协议传输性能。

（7）NTP 服务器为整个基带部分和网管服务器提供同步时钟，维持高可靠性的时间和频率基准信息输出，并保持较高的精度，使得整个系统保持时间同步，具体包含 NTP 服务器和冗余分配放大器。

（8）汇聚交换机为万兆交换机，主要实现全网的接入路由交换功能，用于各基带机箱、加速服务器、网络控制中心（NCC）、网管分系统及路由交换分系统之间的数据交互。

（9）合路/分路器主要实现天线射频单元与基带调制板卡、解调板卡之间的L频段中频信号传输分路和合路功能。

世界知名卫星通信设备厂商ViaSat、Hughes、Gilat和iDirect均推出了基于DVB-S2X/RCS2协议的高通量卫星通信基带产品，实现方式和性能略有差异。

ViaSat公司基带产品采用ATCA平台，出境支持DVB-S2X，单调制最多12路出境载波、500MHz带宽；入境支持DVB-RCS2，单解调卡可解调125MHz、90路载波。

Hughes公司基带产品采用DELL多节点服务器，出境链路采用基于DVB-S2X最新协议，单载波支持235兆符号/s；入境链路采用基于DVB-RCS2最新协议，载波支持256千符号/s~12兆符号/s。

Gilat公司基带产品采用12.5U的自定义机箱，出境支持DVB-S2X，单调制卡最高速率500兆符号/s；入境支持DVB-RCS，单解调卡可解调30兆符号/s、40路载波。

iDirect公司基带产品采用11U自定义机箱，出境支持DVB-S2X，单调制卡最高速率119兆符号/s；入境支持DVB-RCS2，单解调卡可解调30兆符号/s、40路载波。

3.2.5　路由交换分系统

路由交换分系统主要用于传输内部和外部的基带网络数据，提供电信局、网络运营商等与Ka信关站之间的接口，实现信关站与电信局、网络运营商等之间的数据交互，完成信关站内部网络数据的传输、提供外部IP接口、信关站网络环境优化等工作。交换路由分系统由交换机、路由器、防火墙和入侵检测（IPS）等组成。

3.2.5.1　路由器

路由器为连接外部网络提供IP接口。

• 支持多种VPN业务，例如L2TP VPN、GRE VPN、IPSec VPN、MPLS VPN等，满足多种高性能VPN接入的需求。

• 支持业界最丰富的NAT特性，满足Ka通信卫星网的NAT需求。

• 提供丰富的路由能力，支持静态路由、RIP/OSPF/BGP/ISIS路由策略及策略路由。

• 全面支持IPv4/IPv6。

3.2.5.2　交换机

交换机采用万兆级交换机，主要实现全网的接入路由交换功能，是全网数据中心。其主要负责外部网络数据、管理数据、基带回传数据的交换工作。其应用在数据链路层，具有多个端口，可连接一个局域网、广域网或高性能服务器。

3.2.5.3　防火墙/IPS

防火墙/IPS是网络安全的第一道防线，它是网络安全的基石。安全网关全面支持攻击防范、抗DDoS、访问控制、安全域划分、黑名单、流量控制、邮件过滤、网页过滤、应用层过滤等功能，能有效保证网络的安全。

3.2.6　网管分系统

网管分系统主要负责监控、管理基带设备和终端站设备以及管理卫星网络频率资源等，主要功能如下：

（1）支持按分层结构管理配置卫星网络资源，按实时、历史监控卫星网络资源使用情况。

（2）支持基带设备的配置管理、状态监视、告警管理、软件升级、主备切换等。

（3）支持终端管理，包括基本信息配置、终端告警管理、状态监控、远程控制（登录控制、发送使能、发射功率配置等）、NAT、静态路由配置、远程升级、QoS配置、故障诊断、丢包检测、DNS功能、VAPS功能、防火墙等功能。

（4）支持多级 VNO 管理和终端管理组服务计划管理。

（5）支持自动波束切换管理；支持越区切换管理。

（6）支持用户管理、权限管理、超帧配置、升级文件管理、数据库备份计划、操作日志等系统功能。

（7）支持开放的标准 REST、SOAP 北向接口。

（8）支持 SNMP、UDP、HTTP、TELNET 多种南向接口协议。

（9）支持负载均衡与数据容灾备份。

网管分系统在每个信关站仅部署网关代理，通过地面网络与部署在网络运行控制中心的网络管理系统进行信息交换，执行网络管理系统下发的设备控制、资源分配等指令，同时将本信关站的设备运行信息和指令执行结果上报给网络管理系统。

3.2.7 监控分系统

监控分系统主要包括数据库服务器、工作站、设备监控软件、协议网关、交换机等，主要实现以下功能。

3.2.7.1 基本功能

（1）支持对设备参数/状态的监视和显示。

（2）支持管理者对设备参数/状态的修改。

（3）可分类显示设备的属性和命令。

（4）支持 LAN 接口与 M&C 系统通信（支持 RS–485/422 或 RS–232 接口的设备数据通过串口转成网口后）。

（5）支持 SNMP 协议通信。

3.2.7.2 图形用户界面（运行于服务器上）

（1）服务器管理窗口：显示在线服务器和备份服务器状态。

（2）画面模拟窗口：通过颜色显示设备的运行状况是否良好，显示关键设备的属性值（如增益、频率等），突出显示信号通过设备的路径。模拟设备的整体实际场景，并通过点击图标显示具体子系统的组成。

（3）设备窗口：显示设备的具体状态并且允许通过命令更改属性。当通过命令控制设备时，显示命令是否成功执行。

（4）事件及报警窗口：显示系统活动和警告。

3.2.7.3 设备监控

监控系统软件通过LAN网口实现站内设备的实时监视和控制，监控的对象包括站内所有的网络设备的状态参数及数据采集，被监控的设备参数具体如表3-4所示。该部分功能由设备监控模块实现，具体模块实现功能如下。

表3-4 设备监控参数

序号	设备	参数
1	TWTA功放	RF切换，热切换，HPA衰减，输出功率等
2	上变频器	振荡频率，输入/输出频率，增益，热切换等
3	下变频器	振荡频率，输入/输出频率，增益，热切换等
4	AUPC	故障/正常，当前衰减值，各通道工作状态
5	LNA 控制器	增益，控制模式，热切换等
6	ACU（自动控制单元）	天线工作模式控制，发送极化方式，接收极化方式，俯仰角
7	跟踪接收机	跟踪信标锁定指示，信号电平
8	脱水器	湿度
9	HVAC（供热通风与空气调节）	温度
10	报警器	异常参数或超过阈值参数

（1）具备设备程控配置功能：监控设备均可通过界面对其参数进行设置。网络设备参数设置应包括IP地址、端口号和FTP口令与目录。

（2）设备监控模式可配置，包括查询/响应模式和自动模式。可设置设备自动状态查询周期。

（3）具备提示功能：状态控制结果、设备离线等情况监控分系统应有明显的信息提示，同时该信息应以时间为顺序保存至文本日志。

（4）具备除湿干燥、加热通风、环境监测设备的监控功能。

3.2.7.4 自动设备切换

（1）主、备份（如 LNA、BUC、BDC、TWTA 等）冗余切换，支持自动/手动方式。

（2）支持应用功能、测试功能间互相切换，支持手动方式。

3.2.7.5 系统扩展

（1）可通过 GUI 实现设备的增加、删除和修改。

（2）可通过 GUI 实现地球站模型图的增加、删除和修改。

（3）在站型模型图中增加、删除、移动设备图标。

（4）更改与设备关联的详细信息，包括端口、地址、轮询周期等。

（5）可图形化动态显示关键设备的连接关系。

3.2.7.6　事件警告处理

当设备发生故障时，监控软件应能够快速生成告警信息，并通过界面或声音的方式通知管理者及时响应。告警信息包括告警产生和告警消除两个方面，内容包括设备运行故障或异常、监控软件本身运行异常等信息。具体类型如下：

（1）根据设备或者各个子系统的不同定义，分为一般、错误、严重、故障 4 个等级。

（2）告警范围包括所有系统内的硬件设备、各分系统以及 M&C 本身的告警。

（3）受控设备在上报状态参数中包含设备的故障信息。

（4）可以将获取的故障信息通过界面或声音提醒管理者注意。

（5）可以将告警信息存储在本地数据库，并可以查询。

（6）同时通过 SNMP 协议实时推送给外部远程维护系统。

3.2.7.7　宏定义及调度

一个宏是一系列可以被编辑或调度的逻辑声明和设备命令。宏定义及调度主要包括如下具体功能：

（1）新建宏，管理者可以新建一个宏。宏的信息包括宏标识、序号以及备注等信息。

（2）删除宏，管理者删除已有的宏。

（3）编辑宏，管理者编辑指定宏的属性值或设备参数。

（4）另存宏，管理者将指定的宏另存为一个新的宏，并保存到数据库。

（5）执行宏的全部命令，本软件下发指定的预先存储的某个宏所有设备控制命令。

3.3　网络运营控制中心

网络运营控制中心由网络管理系统（NMS）和业务运营支撑系统（BSS/

OSS）两级运营管理系统实现对高通量卫星通信地面系统的网络管理及运营支撑功能，如图3-18所示。网络管理系统（NMS）作为底层，主要实现卫星通信网络中设备状态的监视、控制，以及对全网的卫星资源进行统一管理和调度功能，为维护提供支撑；业务运营支撑系统（BSS/OSS）提供服务开通认证功能，实现对网络运行状态的监视、控制以及应用系统的运行管控及配置管理功能，提供包括客户关系管理（CRM）、计费账务、综合结算和营销分析4个主要应用增值服务。

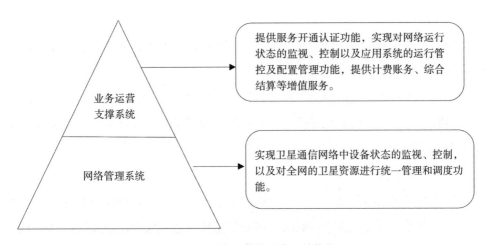

图3-18　网络运营控制中心结构图

3.3.1　网络管理系统

网络管理系统（以下简称网管系统或NMS）负责对卫星通信网络中所有设备的监视和管理，对全网的卫星资源进行统一管理和调度，在业务运营支撑系统通过认证的情况下，对信关站内设备进行控制及资源分配。网管系统实现告警管理、配置管理、监控管理、系统管理、资源管理等功能，同时负责向业务运营支撑系统同步告警、性能等信息，为维护提供支撑[2]。

网管系统支持不同规模的网络操作控制，网管系统采用分级设置，具备基于策略的服务功能以及故障监测处理功能，可快速引进服务，使系统维护有效简洁，最大化地发挥网络潜能，提高终端用户满意度。

网管系统提供人机接口供用户查看网络中信关站及终端站的信息，通过北向接口与业务运营支撑系统进行信息交互。网管系统包括5个模块来实现系统中所有组件设备的管理功能，支持卫星网络资源浏览及配置功能。

3.3.1.1 配置管理

网管系统配置管理实现对信关站内所有设备的配置信息的统一管理，包括网络配置和设备配置。配置管理采用统一配置的管理，可以有效地避免用户误操作导致系统故障，从而增加了系统的可靠性。与此同时，网管系统记录每一个设备配置操作，为用户提供配置参数对比功能，保证操作有依据。

（1）网络配置

网络配置实现系统可用卫星资源（频带）的定义配置，并实现前向链路和回传链路业务的配置管理。

网络配置视图可使用户对卫星资源的分配情况有直观的认识。网络配置视图提取频段信息、前向链路配置信息、回传链路配置信息，并将它们按照关联关系组合在一起。

（2）设备配置

设备配置实现信关站内基带等设备配置采集功能。针对被管理设备，网管系统提供了查看、修改、新增、删除、同步等操作功能。用户在登陆后，根据不同的权限可以进行一些相关的操作。

①设备配置采集

网管系统设置定时器，能够按照设置的周期循环从本地网络的设备上采集配置信息，并将采集到的数据存储到本地。

②配置信息查询

网管系统提供本地设备配置信息的查询功能，网管系统收到设备配置信息查询指令之后连接目标设备，实时获取设备的最新配置参数并进行呈现。

③设备信息维护

网管系统提供设备信息维护功能，供网管用户手动维护系统内存储的设备信息，以保证系统保存的设备信息与实际信息的一致性。

3.3.1.2 故障管理

故障管理实现对整个系统的运行状况的监视，对信关站设备任何环节出现的故障、异常等情况进行提示、报警。提供的查询、统计、通知等功能帮助维护人员对系统的运行情况进行跟踪、判断和处理。

故障管理主要包括4个功能模块，分别为告警采集、告警处理分析、告警存储以及告警展示。告警采集模块可根据网络需求采用集中部署或分布式部署。告警采集模块通过SNMP协议或Syslog日志接收网络信息，根据匹配原则解析和处理告警信息，然后进行存储。网管系统通过曲线或列表方式，在用户界面进行告警展示。

（1）告警采集

网管系统设置告警采集模块监听来自基带设备以及NMS的应用软件的告警信息，同时将收集到的设备告警进行解析，生成网管人员能够识别的告警信息。

（2）告警实时监视

网管系统接收到设备告警信息之后，能够及时在界面上以醒目的方式进行呈现，网管系统的告警提示方式包括声音提示、图形化提示、文字提示等。

（3）告警数据处理

网络管理人员可以对网管终端中保存的告警数据进行处理，告警处理操作包括告警确认和告警清除。经过确认和清除的告警表示该告警在实际环境中已经消失，用户不再需要关注这些告警。

（4）告警数据查询

对于经过用户确认和清除的历史告警，用户可以通过告警查询功能对这些告警进行查看。

告警查询支持设备、告警名称、告警位置、告警发生的区域、局站等作为查询条件的单个条件或多条件联合查询，可以将告警统计结果以EXCEL、PDF等格式进行导出，从而输出到外围存储设备或进行打印操作。

3.3.1.3 监控管理

监控管理包括流量管理及性能管理两部分功能。流量管理实现对Q/V信关站系统前向、回传链路的吞吐量实时采集及呈现；性能管理实现对系统内设备重要性能参数的实时采集与呈现。通过监控管理，Q/V信关站系统网络维护人员能够实时监测全网业务流量以及网内设备的性能参数变化情况，了解系统流量限制及设备性能参数数值的变化趋势，能够在系统超流量限制时或性能参数达到或将要达到比较危险的数值时迅速做出处理，有效地预防严重故障事件的发生。

网管系统提供流量和性能监视界面，将全网流量和采集到的性能数据以图形化或表格的形式进行呈现。

3.3.1.4 资源管理

网管系统实现系统资源以及端站（包括组）的管理。

系统资源管理包括出境频率及速率、入境信令频率及速率配置等，包括卫星配置、参数配置（射频基础信息配置、前向卫星资源配置、回传卫星资源配置等）。

端站的管理包括端站的配置管理及组的配置管理功能。系统提供了添加、更新、删除、同步、返回等功能按钮，可以对列表中的端站配置进行相关的操作。组管理包括分组的编辑、配置以及组内端站统一管理的功能。

3.3.1.5 系统管理

系统管理实现对网管系统自身的设置和管理，包括事件管理、日志管理、用户管理和权限管理等功能。

（1）事件管理

Q/V信关站网管系统提供事件管理功能以满足通信网络运营的管理需要。事件管理包括网络操作信息、系统状态、服务器故障管理，以及数据库的维护等。

（2）日志管理

网管系统提供完善的操作日志管理功能，能记录系统运行中每个操作员对系统操作的情况，便于综合查询和审计。

在网管系统的日志管理模块中，主要对网管系统的操作日志和登录日志进行管理，包括日志的记录、删除、备份和查询等。

操作日志主要记录用户在系统中所执行的各种操作，操作的最小划分要细致到具体对某个设备、某个功能块做了何种配置或操作，用户在做系统操作时，系统会在响应操作的同时，提取操作信息存入指定的日志数据库中，系统对用户操作的记录包括操作时间、操作人、操作动作、操作结果、操作对象等。

（3）用户管理

网管系统安全管理支持对用户全生命周期的管理，即对用户账号从创建、使用到注销各种状态进行管理，并且要在系统中保留所有相关操作日志。用户管理实现对系统使用者信息的通用管理功能，包括对用户的新增、用户信息的修改、用户的注销、用户密码的管理。

（4）权限管理

通过权限控制，可以对登陆系统的用户分配符合其身份的管理功能和范围。

在网管系统中，对权限分配和组合采用灵活组织的方式，将最小管理对象作为授权的最细粒度，细分到如某个设备的某个端口等，具体对每个设备和功能点的授权细化方式，需要根据实际业务需求和用户沟通讨论共同划分。权限管理中，首先管理员选择若干最小授权粒度组成管理域，相当于权利块，管理员可对授权管理域进行添加、修改、删除，对管理域的配置信息统一存入数据库，以备分配权限时可组合使用。添加修改管理域时，信息包括管理域名称、描述、包含管理对象等。

管理对象、管理域与权限的关系如图3-19所示，可根据管理员需求自由组合和授权使用。

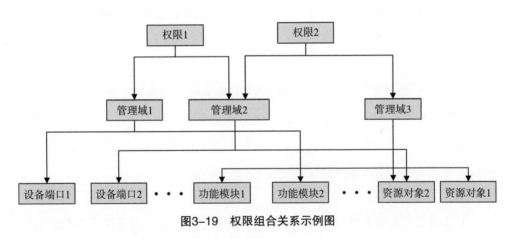

图3-19　权限组合关系示例图

3.3.2　运营支撑系统

运营支撑系统（OSS）面向服务、资源和网络运营，提供业务运营支持系统的后端支撑体系，支持服务规划、资源规划、服务运营支撑与就绪、资源运营支撑与就绪、服务开通、资源开通、服务保障、资源保障等生产类活动[3]。

3.3.2.1　拓扑管理

OSS提供拓扑管理功能，通过多种角度的视图来展现Q/V系统前向、回传链路的流量，以及系统中的信关站被管设备的位置及相互间的连接关系等信息；另外各拓扑视图还可以显示被管网元的工作状态和告警状态，提供基本服务运营支撑。

拓扑图显示内容可以由用户根据自身需求进行自定义，OSS提供的主要视图类型包括站内拓扑图、实时曲线图、历史曲线图、事件信息列表、告警列表、网元设备列表等。

（1）站内拓扑图

站内拓扑图用于显示一个信关站内设备的连接关系，以及机架内各设备的物理分布。

站内拓扑图应和告警信息相关联，一旦局站内所在的设备出现告警，站内拓扑图内相应的设备应以不同颜色标识，颜色应与设备最高级别的告警颜色一致。系统支持不同级别拓扑图的告警传递功能，站点可以根据子图里最高级别的告警网元来显示相应告警级别的颜色，同时在站点上标注各级告警的数量，站点的颜色与站内设备最高级别的告警颜色保持一致。

（2）实时（历史）曲线图

实时（历史）曲线图以实时采集或历史采集的全网前向、回传链路业务流量或设备性能参数指标为依据，以曲线的形式进行绘图展示功能。实时（历史）曲线图主要包括前向实时（历史）流量及限制量、回传实时（历史）流量及限制量、各设备性能参数（如CPU利用率）等。

（3）事件信息列表

事件信息列表以表格的方式，将信关站所有资源申请、设备配置等操作信息进行记录并实时展示，为信关站的管理维护提供依据。

（4）告警列表

告警信息列表以列表的方式，将信关站网管系统自动收集的网内所有设备运行过程中的全部异常信息记录并显示在页面上，用户可以使用OSS提供的过滤器分类显示各种不同类型的事件，便于故障诊断、分析和处理，其中时间日志可以输出和打印，便于查阅，为信关站的管理维护提供依据。

（5）网元设备列表

网元设备列表统计信关站内所有设备，以图形方式进行展示，同时用不同颜色标识各设备的运行状态，用户可以通过图形展示直观地观测到设备状态信息。

3.3.2.2　配置管理

OSS配置管理实现对多个Q/V信关站内所有设备的配置信息的统一管理，包括网络配置和设备配置。配置管理提供实时在线操作：数据查询、数据修改、数据删除、数据添加、数据同步、数据备份以及进行批量数据的引入运行。与此同时，OSS记录每一个设备参数配置操作，为用户提供配置参数对比功能，保证操作有依据。

（1）网络配置

网络配置实现系统可用卫星资源（频带）的定义配置，并实现前向链路和回传链路业务的配置管理。

（2）设备配置

设备配置实现多个信关站内基带等设备配置采集功能。针对被管理设备，OSS提供了查看、修改、新增、删除、同步等操作功能。用户在登陆后，根据不同的权限可以进行一些相关的操作。

3.3.2.3　告警管理

告警管理实现对多个信关站系统的运行状况的监视，对每个信关站设备任何环节出现的故障、异常等情况进行提示、报警。提供的查询、统计、通知等功能帮助维护人员对系统的运行情况进行跟踪、判断和处理。

3.3.2.4　资源管理

OSS资源管理实现对多个信关站系统资源管理功能，包括资源规划、资源就绪、资源开通和资源保障等功能。

（1）资源规划

主要包括服务规划和资源规划，服务规划负责提供服务建设和产品建设的规划模型和相关设置；资源规划负责规划满足需求需具备的网络能力并将其转化为组网结构和设备需求。

（2）资源就绪

主要包括服务测试管理、数据和接口的准备管理、流程管控、资源测试管理、资源调整、装修维护和调度、网络配置管理、资源存量管理。

（3）资源开通

获取客户订单分解为服务订单后根据订单进行服务设计、资源分配、服务配置以及服务激活。

（4）资源保障

负责服务质量保障、服务问题处理、资源问题处理、服务故障处理、资源故障处理、性能监视、协议与流量的管理和采集。

3.3.2.5　系统管理

系统管理实现对OSS系统自身的设置和管理，包括事件管理、日志管理、用户管理和权限管理等功能。

3.3.2.6　流量数据管理

OSS设置了流量数据统计管理功能，通过网管系统获取端站的流量信息，进行数据的初步分析统计功能，并提供接口将数据送至BSS系统，针对用户实际带宽的使用进行计费管理。

3.3.3　业务支撑系统

业务支撑系统（BSS）面向客户服务等前端的应用支撑平台，支撑市场、销售、客户管理、产品管理、融合计费、结算等营销类活动。

3.3.3.1　客户资源管理

客户资源管理（CRM）包括面向客户的接触渠道、市场营销和客户服务等，具有统一的认证和权限管理。

CRM提供灵活的认证、授权方式，可以支持根据用户名、密码、终端信息或其组合认证方式。

3.3.3.2　融合计费

依据计费资源、产品资费、用户资料信息实现客户的融合计费，具备全业务计费能力、内容计费能力、实时计费能力以及实时详单稽核能力。

3.3.3.3　综合账务

对综合账单进行生成、管理及核算，包括账务管理、账务处理、信用管理等功能。

3.3.3.4　综合采集

包括采集和预处理功能，完成原始服务使用记录和网络事件的采集。

3.3.3.5　综合结算

包括结算、核对、调整和监管等功能。

3.3.3.6　基础管理

包括系统管理、业务局数据管理、数据一致性管理、计费账务稽核和统计报表等功能。

3.4　用户终端站

用户终端站通常由Ka频段卫星天线、BUC、LNB和室内单元（卫星调制突发解调器，简称调制解调器）组成。其中，卫星天线用于接收和发射Ka频段信号，BUC、LNB用于Ka频段信号的上变频与下变频。室内单元用于数据的解调、处理和转发。系统组成如图3-20所示。

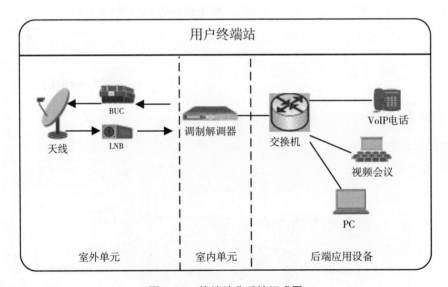

图3-20　终端站分系统组成图

（1）天线：终端的天线口径有多种，从0.45m到1.2m不等。根据卫星用户波束的覆盖情况和链路计算情况，配置不同口径天线。

（2）BUC和LNB：提供发射/接收信号的上变频或下变频、放大功能。

（3）室内单元：主要为调制解调器，负责数据的接收解调和处理，可以支持宽带 Internet、VoIP 和视频服务等。

（4）后端应用设备：主要包括交换机、VoIP 电话和 PC 机等应用终端。

用户终端站的小型化设计一直是终端技术发展的方向。随着技术的发展，有些终端将 BUC 和 LNB 制作成一体称为 Transceiver，体积更小，噪声温度更低，衰减更小；还有些终端集调制解调器、功放、LNB、馈源于一体，通过一根网线连接室内网络，称为 FOU（全室外单元）终端，这类终端既简化了固定站的安装，又提升了维护效率，适用于政府、部队、企业、个人等固定场合安装和长期使用。

FOU（Full Outdoor Unit）低成本终端实现基带射频一体化设计，终端内部板级设计分为基带部分和射频部分两类，基带部分负责基带信号处理，将网络数据转化为卫星通信数据，并完成 L 频段射频信号接收和发射，同时为射频板供电以及完成 FOU 整机控制功能；射频部分负责 Ka 频段射频信号收发并转化为 L 频段射频信号传输给基带板，并可以根据基带板控制信号完成射频收发频点和增益等参数配置，整体结构及内部模块示意图如图3-21所示。

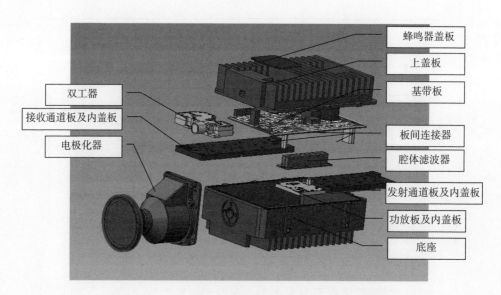

图3-21　FOU低成本终端整体结构及内部模块示意图

依据应用场景的不同，用户终端站分为两大类：固定终端（家庭型、企业型、专业型）与可移动终端（便携、车载静中通、车载动中通、船载动中通、机载动中通等）。不同类型的终端其可配置的调制解调器和射频设备如图3-22所示。例如固定终端可以选择使用家庭型、企业型或专业型modem。当选择使用家庭型modem时，通常将家庭型modem与Transceiver集成在一起称为FOU；当选择使用企业型modem时，射频设备可以选择使用Transceiver或分体式BUC和LNB；当选择使用专业型modem时，射频设备也可以选择使用Transceiver或分体式BUC和LNB。

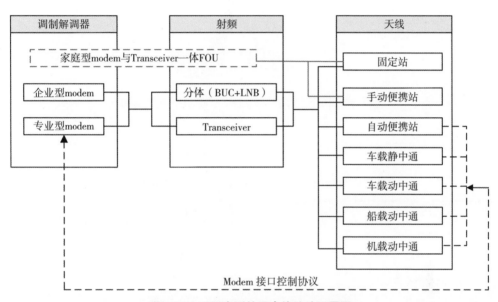

图3-22 不同类型的用户终端站配置图

依据所使用调制解调器的不同可以把固定终端分为家庭型、企业型和专业型固定终端。根据不同的应用场景建议偏远地区个人或单户使用家庭型固定终端；自然村、行政村、偏远寺庙或边境站等依据使用人数和业务类型选用企业型固定终端；应急通信车或移动通信基站则建议采用专业型固定终端。典型产品Ka频段0.75m天线+2.5WFOU家庭型固定终端产品实物图如图3-23所示。

图3-23　Ka频段0.75m天线+2.5WFOU产品实物图

该产品的主要性能指标如表3-5所示。

表3-5　Ka频段0.75m天线+2.5WFOU产品主要性能指标

天线口径	0.75m
工作频率	接收：18.7～20.2GHz　　发射：28.1～30GHz
发射功率	2.5W
数据速率	前向：20Mbit/s，反向：4Mbit/s
供电	100～240V，50～60Hz
工作和存储温度	工作：−30～+55℃　存储：−35~+70℃
天线	
天线形式	偏馈
驻波比	RX：1.5：1　　TX：1.3：1
交叉极化隔离度	RX：30dB　　TX：35dB
增益(+/-2dB)	RX：41dB　　TX：45dB
天线噪声温度	5°　仰角：RX：196°K　　TX：196°K 10°　仰角：RX：147°K　　TX：147°K 20°　仰角：RX：113°K　　TX：113°K 40°　仰角：RX：93°K　　TX：93°K
方位角	0~360°
俯仰角	5°~90°　连续

续表

全室外单元	
工作频率	接收：18.7 ~ 20.2GHz　发射：28.1 ~ 30GHz
增益	56dB typ.
噪声系数@25℃	1.3dB typ.
通信协议	前向链路：DVB-S2X/TDM； 反向链路：DVB-RCS2/MF-TDMA
符号速率	前向：最大500兆符号/s 反向：125千符号/s to 12.5兆符号/s
调制编码方式	前向：QPSK，8PSK，16APSK，32APSK，64APSK，128APSK，256APSK； 反向：BPSK，QPSK，8PSK，16QAM
滚降	前向：0.35，0.25，0.20，0.15，0.10 and 0.05 反向：0.2
尺寸	190mm×220mm×45mm

参考文献

[1] 张洪太，王敏，崔万照等. 卫星通信技术[M]. 北京：北京理工大学出版社. 2018.
[2] 续欣，刘爱军，汤凯等. 卫星通信网络[M]. 北京：电子工业出版社. 2018.
[3] 潘申富，王赛宇，张静等. 宽带卫星通信技术[M]. 北京：国防工业出版社. 2015.

4 灵活有效载荷技术

通信卫星质量、功率和结构空间是载荷灵活性的最大约束条件，传统的卫星灵活性设计主要通过星上关键通信设备的冗余配置实现，这样就会产生额外的星上资源开销，从而导致灵活性和整星吞吐能力之间的矛盾。因此，随着技术的演进，卫星灵活性在实现途径上一个很重要的原则就是不过度增加载荷负担。

目前来看，根据任务类型和需求的不同，对通信卫星载荷各层级的灵活性，主要依靠对传统星上通信链路所涉及各个单机/元器件环节的技术改进、而非增加冗余度的方式实现，可分为天线、射频前端与中频/基带处理单元三大部分，如图4-1所示。

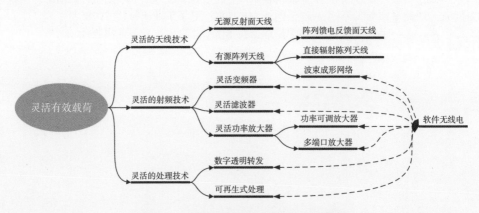

图4-1 灵活有效载荷关键技术体系梳理

总体来看，目前各个技术领域的发展水平和成熟度差别较大，而且这些灵活度的作用和效果各不相同，例如：

• 天线部分侧重波束覆盖能力的灵活性，主要利用传统无源反射面天线的机械/电调节实现波束移动与尺寸缩放，利用有源阵列天线和波束成形网络实现波束位移、形变及数量调节等。

● 射频前端部分对应频谱管理和功率分配的灵活性，主要利用灵活变频器以及带宽、中心频点可调滤波器改变单个信道的频谱特性，而可步进式调整的功率放大器与上述设备配合，能够对业务数据的传输速率等进行按需调节。

● 中频/基带处理单元部分对应链路互联互通与通信协议体制调节方面的灵活性，分别利用数字信道化器在中频进行精细分路和交换、利用完全再生式的星载处理器进行解调、译码后进行数据处理和分组交换路由等，支持相应的网络协议等。

从当前的系统应用情况来看，天线与射频部分实现的灵活效果直接、可见，而且在各类系统中已得到一些初步的应用、实现途径也相对成熟，因此更受传统运营商的重视，互联互通与协议体制灵活度则依赖于不同程度的星上处理能力，代表了更高层次的载荷要求，是未来GEO通信卫星的主要发展方向。此外，国外近年来也在基于软件无线电的灵活载荷方面投入了较多的研究。本章主要结合各国在相应技术方向的发展情况和典型产品进行分析。

4.1　灵活的天线技术

可调节的天线系统主要用于实现灵活的波束覆盖能力。此类灵活天线既可以是无源天线，也可以是有源天线。无源天线定义为单个辐射单元，对应单通道单功率放大器。无源天线既可以是机械可重构，也可以是电控重构模式。而有源天线定义为多个辐射单元且每个辐射单元使用相应的功率放大装置。

4.1.1　传统无源反射面天线

天线指向调节是控制覆盖位置灵活性的重要途径，但传统的通信卫星对应宽波束或赋球波束，天线指向调节主要用于校正实际覆盖区域与设计目标的吻合度，因此调节机构的幅度限制较大，波束位置可在小范围移动。针对高机动性用户（如军事侦察无人机等）的需求，一些卫星设计有可移动点波束，波束位置可以在卫星的视场范围内任意移动。目前，利用机械或电调机构调整波束位置的技术已经相对成熟。

美国劳拉空间系统公司（SS/L）设计出一种双反射面机械可重构天线，能产生一个圆形或者椭圆形波束，其波束中心不仅可以通过控制主反射面沿轴的转动达到不同指向的功能，而且如果波束是椭圆形波束要求，还可通过旋转副反射面来实现椭圆波束旋转的目的[1]。

另一方面，通过机械调节天线焦距来控制波束覆盖区域尺寸的缩放也引发了业界关注。劳拉公司设计的上述天线即具备焦距调整功能，其主要通过位于调节轴（反射面焦点与反射面中心连线）上的机械控制装置，调整馈源与反射面距离从而改变焦距，可以将天线的波束宽度从1°最大扩张至7°。但这种使用机械调整的可重构天线的灵活度相对较低，只能实现一定比例的缩放波束大小，但波束形状无法按照需要任意改变。

4.1.2　有源阵列天线

依靠阵列天线配合波束形成器，可以实现更大灵活度波束形状和数量调节，有源阵列天线主要负责波束的产生和放大，波束成形器则主要通过控制辐射单元的幅度、相位与开关来改变波束。目前国外集中关注两类天线，包括阵列馈电反射面天线（AFR）和直接辐射阵列天线（DRA）。

4.1.2.1　阵列馈电反射面天线

阵列馈电反射面天线（AFR）主要依赖位于反射器焦平面的前置/偏置馈源阵列来形成单个宽波束或多个点波束，其灵活性实现是通过与馈源阵列对应的波束形成网络来控制和改变波束形状与数量。在阵列馈源反射面天线中，馈源的排列方式对天线电性能的影响非常重要。由于除了位于焦点处的馈源，其他馈源都相对于焦点有一个大小和方向各不相同的横向偏移量，使天线方向图发生偏转，因此，在应用方面，对于单波束的情况，可以利用多个横向偏焦馈源来获得符合特殊要求的天线方向图，从而改变波束的形状。目前，该技术已在工程实践中得到较为成熟的应用。

对于多波束覆盖情况下，最窄的点波束决定了天线的口径，而目标覆盖区域的尺寸则决定了馈源阵的大小。设计时，必须考虑在馈源阵子数量和波束方向性、旁瓣控制和覆盖性能之间进行权衡。因为，馈源阵子数量与数字波束形成处理、载荷频率转换以及放大器等设备的功耗直接相关。典型的应用中，需要数十个，甚至数百个馈源阵子，而随着EIRP要求的升高以及波束尺寸的进一步减小，所需的馈源阵子数量势必继续增多。

图4-2　空客防务与航天公司（ADS）研制的Medusa馈源阵样机：发射（左），接收（右）

　　欧洲空客防务与航天公司（Airbus Defense and Space）设计出一种有源灵活多波束反射面天线系统。该系统主要由机械指向可调反射器、集成了极化装置的Medusa波导馈源阵以及有源波束形成网络组成。Medusa波导馈源阵与波束形成网络相连，波束形成网络在接收端带低噪放大器（LNA），在发射端对应固态放大器（SSPA），使用基于微波单片集成电路工艺（MMIC）的幅度/相位激励器，与载荷接口和每个喇叭接口存在一一对应的关系。该天线系统可以实现对每个波束辐射元的激励都是完全独立的，此外波束形成网络具备可重构能力。图4-3显示了在反射器的指向发生偏移的情况下，传统固定式波束形成网络产生的边缘波束形状失真、信号强度显著降低的现象，而具备可重构能力的波束形成网络经过优化调整后，边缘的覆盖情况有了明显改善[2]。

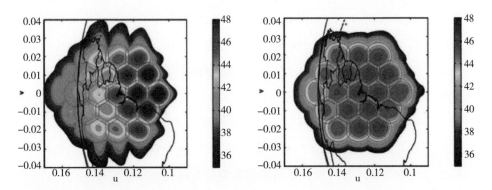

图4-3　指向失误情况下传统固定多波束覆盖（左）与灵活多波束校正覆盖（右）情况

此类天线用于灵活覆盖的优势在于：①天线中所用的可变功分器（VPD）和可变相移器（VPS）等控制元件在通信卫星中已得到成熟应用，该方案风险相对较低；②相比传统模式下只能通过增加冗余天线来满足需求，灵活地在轨波束赋形能力，可以大幅节省星上空间。

但此类天线在应用中也有一定弊端：①与传统天线配置模式相比，高功率波束成形网络存在不可忽略的损耗，因此需要更大的功率才能达到相同的EIRP，这也导致了效率上的折损；②虽然理论上有可能实现收发共用，但实际中，因为波束成形网络在与馈源、双工器封装时的复杂度较大，导致绝大多数天线必须采用收发分置。

4.1.2.2　直接辐射阵列天线

直接辐射阵列天线（DRA）无须反射器，利用天线辐射元阵列和波束形成网络直接形成点波束和赋形波束，通过移相器改变相位、功率分配网络改变幅度后控制波束形状，形成连续或非连续性的覆盖。对于多波束情况，主要存在两种波束形成和调节机制，一是每个波束对应一个/多个阵元，具备相互独立的波束形成和指向控制网络，这种情况下天线的重量和复杂程度正比于需要同时产生的波束数量，当需要同时产生的波束数较多时，就不太实用；二是所有波束共享一个公共的天线辐射元阵列，通过巴特勒矩阵在空间产生多个波束。此方法的好处是体积小、质量轻且相对简单，但波束指向控制不太灵活。从技术应用情况来看，国外目前仅在一些军事卫星和高复杂度的商业卫星（如Iridium卫星）上采用了此类天线，造价昂贵。

欧洲原EADS Astrium公司2012年披露其正在研制一型名为"直接辐射阵列电调天线"（DRA-ELSA）的Ku频段（14.25~14.5GHz）接收天线，该天线采取上述第一种灵活赋形机制，由约100个辐射元经过25∶1的对应关系形成4个相互独立点波束，波束的标准配置宽度为0.75°，根据任务需求通过地面指令控制辐射元阵列的相位/幅度激励配置，达到波束形状可变而且能够在卫星可见视场范围内任意调节指向，具备灵活的覆盖能力。图4-4给出了系统的结构外形和辐射元阵列的样机示意图。整个天线系统质量约60kg，所需功耗低于60W，辐射元阵列先按照2×2结构制成子阵列块，然后再组装为整个阵列板。

总体而言，直接辐射阵列天线用于灵活覆盖的优势在于：①可靠性高，所有

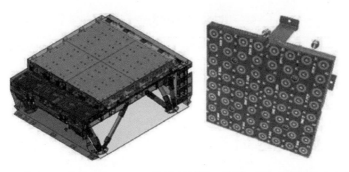

图4-4　原EADS Astrium公司研制的Ku频段DRA天线结构（左）
和8×8天线辐射元阵列样机（右）

的辐射元都可用于形成所有波束，在某个射频通道失效或者期间器件老化导致波束指向不准的情况下，重新校准、纠错能力较好；②抗干扰能力强，可精密控制天线辐射方向图，可以实现低副瓣、自适应调零等功能，抑制各种上行有意敌对和无意干扰；③具有空间功率合成能力，天线每个辐射单元对应一个功放，多个辐射单元功放在空间合成的总功率比单个发射机的功率大得多，可以实现更高的EIRP值。

此类天线的主要弊端包括以下几个方面：①结构复杂、造价昂贵。微波组件如发射/接收（T/R）组件、移相器、微波网络数量众多；②功耗和热耗较大，由于天线中射频通道数量较多，卫星应用不同于地面系统应用，需要卫星提供较大的质量及功率资源。

4.1.2.3　波束成形网络

如前所述，波束成形网络是实现有源阵列天线灵活性的核心，目前主要存在模拟和数字两种波束形成方案。对单波束情况下，两者优劣并不明显。但对多波束应用中，数字波束成形技术更利于未来构建通用化、标准化的灵活载荷架构，此外可形成的波束数量理论无上限，主要受馈源/辐射元阵列的数量约束，从这个角度来说，数字波束形成网络是卫星提供超高吞吐量的关键所在。而模拟波束成形技术所能形成的波束数量相对有限（一般小于32个），但技术实现难度较低，可以依靠跳波束技术实现容量的倍增，如典型的32个瞬时波束在8倍跳变下，可以最终覆盖多达256个不同的潜在区域[4]。两者优劣具体如表4-1所示。

表4-1　数字/模拟波束形成网络性能特点对比

参数	模拟波束形成网络	数字波束形成网络
波束数量	典型少于32个	可多达数百个
支持频率复用情况	由于波束数量少，频率空分复用少，但可通过时分复用方式，如跳波束技术加以弥补	在天线阵元数量足够大、指向足够精确的情况下，频率复用因子可做得很高
单个波束带宽	多至数个GHz，可以支持宽带广域波束覆盖	受限于处理器端口频率带宽，一般约500MHz，未来可能增长至1GHz
输入部分处理器端口数	少，典型情况下每个波束端口对应1个转发器端口	较多，与波束数量基本对应，典型情况下处理器端口与天线阵元匹配
波束指向与干扰管理	支持	支持
波束跳变能力	支持	支持
效率更高场景	波束数>阵元数	波束数<阵元数
未来应用前景	近期，适用少量波束	长期发展方向，但需要星上处理设备硬件等性能的同步升级

　　这里提到的跳波束技术事实上也是在一定程度上提高波束覆盖灵活性的方法。目前的多点波束卫星通信系统在载荷设计时各波束的频率复用、射频功率都为固定分配方式，由于波束各覆盖区内的业务需求并不相同，因此这种固定的载荷设计缺乏足够的灵活性来优化分配卫星资源，造成卫星性能受限。跳波束通信技术是一种从时域上对卫星资源进行优化配置的技术，该技术通过将整段带宽以时隙为单位分配给各个波束，可以灵活地根据各波束不同的业务需求进行时隙配比的调整，从而提升星上资源的利用效率。

　　目前，国外采用跳波束技术的典型通信卫星为美国的防护系列军事通信卫星AEHF和Milstar系统，AEHF系统可以实现在超过100个极窄覆盖区之间快速跳变，能够实现很好的空域信号干扰躲避能力。

4.2　灵活的射频技术

　　在射频部分，灵活性主要体现在频率转换、带宽以及功率特性等方面，依靠处理链路中的变频器、滤波器和放大器的调节功能实现。

4.2.1 灵活变频器

变频器是卫星上下行频率转换的重要设备，也是实现频谱灵活性的关键。变频器主要由本地晶振、混频器等组成，分为传统模拟变频器和数字变频器两种。

美国劳拉空间系统公司（SS/L）结合当前卫星不断向Ku/Ka等高频段应用拓展的背景，针对传统模拟变频器特点，提出了实现更宽频率的适应性和敏捷调整能力的方案。按照劳拉公司的方案，上述变频器的部件都要进行适应性的调整：①要采用灵活的本地晶振，通过使用可选、可控本地晶振，使得工作本振频率在多个本振源之间实现快速的切换；②采用性能优化的混频器，以改善宽频带工作时的杂波性能；③此外要采用宽带的LNA，使得信号可以兼容更宽的带宽，部分样机如图4-5所示。通过上述方案，可实现宽频带内的灵活频谱方案调整，但需要指出的是多个备选本振源将带来较大冗余成本，从而增大载荷负担[5]。

图4-5　SS/L公司可选本振的灵活频率转换器（侧面与俯视视图）

另一种方案主要针对数字变频器，该方案主要采用FPGA或专用芯片数控振荡器，控制和修改频率变换特性。由于乘法器和低通滤波器等可以做到完全一致，因此更利于实现元器件的通用化和标准化。原欧洲EADS Astrium公司在欧洲航天局局的"通信系统先进研究"（ARTES）计划框架下，开展了针对先进Ku/Ka频段卫星的星载灵活设备研究，其中就有名为"捷变集成变频器组"（AIDA）的灵活变频设备，该设备由多个并行可编程的相同变频器组成，具备：①每个变频器的转换频率在轨可独立调节；②所有的频率转换器输出都在相同的中频域内[6]。

此外，欧洲泰雷兹—阿莱尼亚公司（Thales Alenia Space）自2008年6月起，开始在ARTES3-4计划下针对宽带卫星开展敏捷/灵活有效载荷部件研究，研制出了敏捷/灵活频率变换器、频率生成单元等多个工程样机。其敏捷/灵活频率变换器采用两次变换的策略，输入频率为Ku频段（13~14GHz），输出频率为K频段单信道（19~21.2GHz），输入输出的频率都是灵活可选的。此外，通过对中频的信道滤波器进行设置也可以灵活改变信道的带宽。频率生成单元能够产生多个参考频率，且能够实现较好的相位噪声性能，支持有效载荷在较宽的频率范围内实现复杂的频率变换方案[7]。

4.2.2 灵活滤波器

随着通信卫星从C向Ku/Ka以及Q/V甚至更高频段拓展，多频段应用已经成为业界常态，星上对应频谱带宽也不断增加，对于同一颗卫星来说，其射频前端需要采用多个不同中心频率的滤波器组成滤波器组进行频率预选、信道划分等，以消除不想要的混频器镜像频率和本振谐波。滤波器组通常要通过射频开关来选择不同中心频率的滤波器，以达到选择不同频段信号的目的，但却导致系统架构变得复杂，增加了系统尺寸，带来了显著的质量和功率消耗。也就是说，卫星拟开展业务的频谱带宽，与星上滤波器组数量成正比，这样卫星只能越做越大，无法适应扩展性的灵活应用要求。

"灵活滤波器"的概念是指滤波器在不做硬件变动条件下，通过外加条件的改变来配置工作模式，实现中心频率、带宽、零点等特性的实时调控，从而适应不同的应用需求。国外对于地面通信系统的灵活滤波器起步较早，技术解决途径主要包括采用变容半导体二极管、对直流电压变化敏感的钇铁石榴石（YIG）和铁氧体等铁磁体振荡器以及压电体、微机电系统（MEMS）等作为调谐元件，但总体而言，在卫星通信领域开展研究与应用的极少。

目前来看，国外主要以欧洲泰雷兹—阿莱尼亚公司为代表，在卫星灵活滤波器领域与学术界开展了一些合作研究，其提出了两种解决途径，一种是采用射频微机电（RF-MEMS）方式，另一种则是采用基于基片集成波导（SIW）陶瓷的调谐滤波器[8]。

射频微机电滤波器是一种将电容、电感、开关等无源器件单片集成而得到的功耗低、线性度高的电调滤波器。泰雷兹—阿莱尼亚公司研制的滤波器采用了MEMS开关和电容组合而成的开关网络作为调谐元件，通过MEMS开关来改变开关电容网络的电容值，从而改变滤波器的中心频率。由于MEMS开关的数量决定了整个开关电容网络的可变容值数量，所以这种滤波器的中心频率是有限个离散的频率点，其优点是中心频率的可调范围比较大。图4-6给出了该研究得到的一种基于氧化铝的2GHz调谐滤波器，可以实现50%的中心频率（共9种中心频率工作模式，调谐范围1.4~2.4GHz，步长约0.1GHz）与带宽调整幅度，而且具备小尺寸、低损耗的特点。

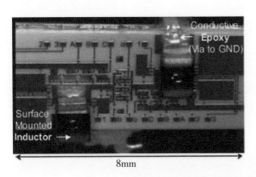 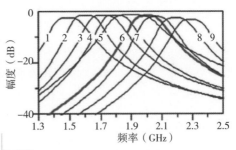

图4-6　泰雷兹—阿莱尼亚与法国国家研究中心研制的RF-MEMS
调谐滤波器（左）及中心频率调整范围（右）

基于基片集成波导（SIW）陶瓷的调谐滤波器是另一种解决途径。基片集成波导技术主要通过在上下面为金属层的介质基片里，利用相邻很近的金属化通孔阵列形成电壁，从而构成具有低损耗、低辐射等高品质因数特性的新型导波结构。泰雷兹—阿莱尼亚开发的该滤波器主要计划通过可变容的PIN二极管对开路枝节进行切换就改变谐振器间的耦合，从而实现不同的带宽。但目前仍处于研究阶段，尚未有工程样机和应用对外公布。总体而言，灵活的滤波器对于星上频率方案的管理和调整十分重要，是实现载荷灵活性的关键设备之一。

4.2.3　功率放大器

灵活的功率管理主要依靠功率可调放大器以及多端口放大器实现。

4.2.3.1　功率可调放大器

行波管放大器（TWTA）是通信卫星载荷的关键部分，也是使用量最多的单机，典型星上电源功率的80%都供给TWTA，其技术特性对卫星整体运行效率影响极大。传统的TWTA一旦设计、制造和优化完成，其与相应控制设备在卫星运行期间必须保持相同的工作方式。

功率可调TWTA的特征是它在不同功率电平下均可以饱和状态工作，以获得稳定的功率输出及对输入功率的不敏感性，放大器的效率保持在较高的水平。其实现主要依靠优化设计螺旋线的行波管、电子功率调节器（EPC）和带增益补偿的线性通道放大器（LCAMP）的配合，主要原理是通过功率调节器（EPC）利用指令控制放大器阴极电流、行波管螺旋极和收集极电压，使行波管的饱和输出功率在一定范围内进行调节。

目前国外进行空间功率可调放大器研究的机构主要有法国泰雷兹公司和德国Tesat-Spacecom公司。前者不仅制造行波管，也研制行波管放大器，后者则以整机研制为主。2009年泰雷兹公司在欧洲航天局的ARTES-3项目框架下开展了Ku频段功率可调线性通道行波管放大器的研制工作，其主要元件与整个单机的性能如表4-2所示[9]。

表4-2　泰雷兹研制的Ku频段功率可调线性通道行波管放大器性能

可调行波管 （TWT）	饱和功率范围	75~150W（寿命末期）
	功率可调范围	3dB
	最大相移	55°
可调电子功率调节器 （EPC）	阳极电压变化范围	1770V
	控制模式	6bit串行遥控，0~3dB分64步控制
可调线性通道放大器 （LCAMP）	射频输出功率	大于8dBm
	射频输入功率	-56~-23dBm
	直流功耗	小于4W
整个单机 （LCTWTA）	工作频率	11.75~12.75GHz
	输出功率	75~160W
	160W输出效率	TWT=71%，EPC+LCAMP=92%，总效率65.3%
	75W输出效率	TWT>65%，EPC+LCAMP>89%，总效率>57.9%

德国Tesat-Spacecom公司针对传统转发器采用回退法控制功率导致功放效率降低、热耗增加的现象，在2009年开发了一种功率可调的微波功率模块（MPM），它的饱和功率可通过在轨功率调节器（IOA）的64个状态设置实现对

输出功率的小步长（1W/步）的精确控制。测试结果表明，用一个最大饱和功率为120W的行波管，分别通过功率输入回退法（IBO）和IOA方法实现90W和70W的功率输出，IOA模式比IBO模式功率损耗分别减少16W和25W，功率变化范围约4dB[10]。

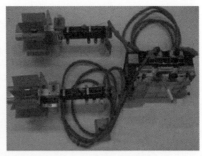

图4-7　德国Tesat-Spacecom研制的Ka频段灵活功率调节模块

目前，该灵活功率调节模块已经成功地在英国Ka频段的高适应性卫星（Hylas-1）上得到应用，该卫星通过地面发送指令控制MPM，可以灵活地调整饱和发射功率值，调整范围在3dB左右，而且在此范围内，行波管的效率没有明显的下降。

总体而言，国外在功率可调放大器技术方面的研究已取得了较大的进展，广泛应用于Ku/Ka等高频段卫星链路对抗雨衰进行的自适应调整中。目前来看，功率调节对行波管性能的影响主要是增益下降，对射频性能的影响是非常有限的，不影响行波管的工作可靠性、使用寿命和频率响应，对线性特性影响也非常小。

4.2.3.2　多端口放大器

多端口放大器的概念最早源于20世纪60年代的巴特勒（Butler）矩阵理念，于1974年由美国的COMSAT实验室首次应用于卫星转发器中，此后日本的研究机构对基于Butler矩阵的多端口放大器进行了改进，提出了基于混合矩阵（Hybrid Matrix）的多端口放大器。混合矩阵相比Butler矩阵不需要多个固定相移器，具有设计简单、插入损耗小、隔离度好等特点，成功应用于日本2000年发射的多功能卫星（MTSAT）上，但并不具备灵活功率分配能力[11]。

目前，灵活的多端口放大器主要适用于每个波束单独馈电的多波束天线。其结构中包括多个并联的放大器单元，每个输入端口的信号都被均等地提供给了每个放大器单元，从而将各端口功率集中为资源"池"（power pool），提供了可在输入端口之间动态的且以高度灵活的方式共享输出功率，为实现卫星通信多波束天线波束发射功率的灵活性提供了可能。这种放大器既提高了功放的利用率，同时也减小由单个功放失效所带来的影响。

欧洲空客防务与航天公司在欧洲航天局ARTES-5.2计划下，研制了一款Ku频段（10.7～12.75GHz）基于行波管放大器的多端口放大器，如图4-8，已经成功应用于欧洲卫星通信公司的Eutelsat-172B高吞吐量卫星，可以在轨实现灵活的功率分配能力。该放大器主要由输入功率分配网络（INET）、输出功率集成网络（ONET）和包含多个并行放大器的功率冗余网络组成。每个输入信号都经过复制分路通过所有处于工作状态的放大器，随后经过重新合路至唯一的输出端口。最大的挑战来自内部放大器链路之间精确地相位、幅度控制，以确保信号在所需的放大器通道上通过，同时在"关闭隔离"的放大器通道上无任何功率损失，但在实际中，由于放大器无法做到理想化，所以肯定会产生一定的功率损耗。值得一提的是，该理念对于实现高吞吐量卫星的多波束与频率复用也直接相关。总体而言，多端口放大器的尺寸取决于任务需求，与每个波束所需的射频功率谱密度、工作带宽、波束数量等相关[12]。

图4-8　空客防务与航天公司开发的多端口放大器接线结构（左）
和输入/输出网络电路板（右）

欧洲原EADS Astrium公司在欧洲航天局的ARTES-4"宽带多端口放大器"计划下，开展了用于移动通信卫星的灵活多端口放大器研究。如图4-9所示，该放大器的放大功能由8个并行的固态放大器实现，而输入输出信号的功率汇聚/调配由对应的输入网络/输出网络完成。该研究同样对16路和32路并行固态放大器的情况进行了分析，结果显示，在单路放大器失效情况下，随着放大器路数的增多，产生的杂散旁瓣数量明显减少，波束边缘特性得到了优化，在实现灵活性的同时，可靠性也得到了提升[13]。

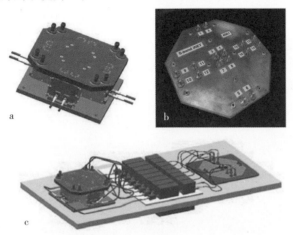

图4-9　原EADS Astrium公司研制的S频段多端口放大器：
a为输入网络、b为输出网络、c为整机结构

总体而言，多端口放大器因为具备良好的多级同步长功率调节能力，已在多类通信卫星中得到应用广泛。相比功率可调型放大器，其在卫星多波束覆盖的场景下使用的经济性更高。目前国外成熟的MPA产品集中在S、L等移动通信频段，随着高吞吐量卫星应用的增多，从2010年左右逐步启动研制Ku、Ka等高频段的对应产品。未来，多端口放大器在放大部分采用多个并行的灵活功率可调放大器也开始受到关注，两者的结合，可以进一步提升功率调整范围与精细度，是业界的重点技术攻关方向。

4.3　灵活的处理技术

传统通信卫星采用透明转发式有效载荷中，卫星不对用户信号进行处理，星上信号在不同波束之间交换通过模拟滤波器和中频交换矩阵完成，由于星上微波交换矩阵都是硬连接，其路由选择方式是固定的，无法适应业务量的变化；而且信号交换带宽通常为一个转发器的带宽，如36MHz、54MHz或者72MHz等，甚至以波束为单位进行信号星上铰链。如果要进行较细粒度的交换，则交换矩阵的复

杂度会显著提高，往往超出了微波开关矩阵的能力。

因此，为了实现波束间、子信道甚至单个用户之间互联互通的灵活性，提高卫星网络的运行效率，国外主要提出了两种技术方案，一是数字透明转发技术，二是可再生处理技术，对应了不同的信号处理级别，同时在成本、性能方面也各有优劣，部分成果已得到应用。

4.3.1　数字透明转发

数字透明（Digital Transparent）转发技术最早由美军在其宽带全球卫星通信（WGS）卫星上采用，随后也应用于法国、日本、以色列等国的个别军事/政府民用卫星上，是一种具有星上处理能力的半透明转发技术，使用该技术的转发器也叫半再生式转发器。此类转发器由分路/合路器、微波交换矩阵和星载交换控制器三部分组成，分路器对每个接收信号执行数字信道化处理，星载交换控制器根据来自地面网络控制中心的指令，对交换矩阵进行设置，实现信道之间的自由交换。网络控制中心根据地面站用户的请求情况，为每个用户分配带宽和信道资源，同时配置星载交换控制器，完成信号交换。

数字透明处理器（Digital Transparent Processor，简称DTP）其最大的特点在于直接对射频或中频信号进行数字采样，并在数字域进行信道化及交换合成，不对信号进行解调解码，能够适应各类通信体制。在轨支持子带在任意波束和频带之间灵活交换，支持组播、广播和信号交换功能，如图4-10所示。

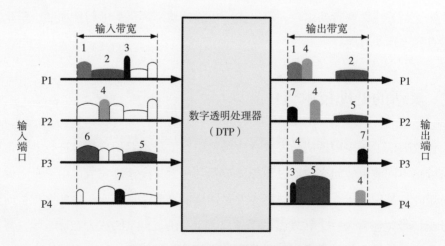

图4-10　数字透明处理器功能原理框图

在图4-10中每个子带代表的含义如下：

- 子带1：波束交换；
- 子带2：频率交换；
- 子带3：波束、频率交换以及子带增益调整；
- 子带4：广播及子带增益调整；
- 子带5：组播及子带增益调整；
- 子带6：子带关闭；
- 子带7：组播。

该技术的主要优势在于，利用星上信道化滤波技术，借助均匀/非均匀（只有WGS卫星）滤波器组实现对星上信号的分析和综合，支持星上任意频段、任意带宽之间信息交互及灵活的跨波束交互，兼具传统透明转发器和再生式转发器的优点，既具有灵活可靠的特点，又可以支持较小粒度的交换，还规避了物理层信号体制的约束，增加了系统容量，满足可变带宽业务、网络拓扑灵活调整的需求，是未来星载转发器处理技术的发展方向之一。

欧洲泰雷兹—阿莱尼亚航天公司为以色列Amos-4卫星成功研制了Ku频段灵活微波交换矩阵设备（图4-11），该设备可实现任意单个信道输入输出之间的切换，支持多个输入信道合成为一个输入，同样也可以支持一个信道向多个信道广播。泰雷兹共研制了2个版本的产品，设备质量分别为9.5kg、8.7kg，工作频率13~14.5GHz，噪声系数17dB，工作温度范围-10~65℃[14]。

图4-11　泰雷兹—阿莱尼亚公司研制的灵活微波交换矩阵产品

该公司还在欧洲航天局的ARTES计划下开展了灵活数字透明处理器（DTP）的研制工作，该数字信道化器具备数字滤波、信道路由与增益控制能力，支持20×20路输入/输出端口之间任意互联互通、实现多播和广播功能，单个端口信号带宽250MHz，此外可按照地面控制指令，实现信道带宽、信道中心频点、网络互联结构等灵活调整[15]。目前，该产品（图4-12）已经过试验鉴定和最终评审，可以应用于太空客车–4000（Spacebus-4000）和阿尔法（Alphabus）等新一代卫星平台，具体性能参数如表4-3。

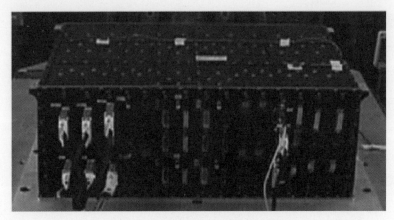

图4-12　泰雷兹公司研制的星载数字透明处理器（DTP）产品

表4-3　泰雷兹研制的数字透明处理器主要性能

参数	性能
输入输出端口	20×20
端口最大带宽	250MHz
单机最大处理带宽	4GHz
信道带宽	312.5kHz~125MHz，可调步长312.5kHz
信道间隔	312.5kHz
端口增益范围	大于40dB
信道增益范围	大于30dB
数字信道增益控制	0.5dB/步
直流功率消耗	540W
质量	50kg
工作温度范围	−5~+60°C

亚洲制造商方面，日本三菱电机公司结合未来多波束、高吞吐量卫星的灵活应用需求，2013年也研制出一种应用于DS-2000卫星平台的新型数字透明处理器，该产品质量约40kg，功耗300W，8×8的输入/输出端口配置，子信道带宽2.5MHz，保护间隔0.25MHz，可以实现子信道之间灵活路由、频率带宽的灵活调节，具备较高的频谱利用率[16]。

印度空间研究组织（ISRO）的航天应用中心（Space Application Centre）也在2015年研制出一款数字透明处理器，支持8×8路输入/输出端口，每个端口带宽31.25MHz，对应2个波束，子信道带宽的调整步长为976kHz，因此，单个端口可最多支持32路子信道，内置的微波交换矩阵最大可以完成输入/输出256×256种子信道之间的灵活交换方案，支持单播、多播和广播网络通信功能，该处理器已经过测试鉴定，将为印度新一代的多波束高吞吐量卫星研制提供支持[17]。

综合来看，由于数字透明转发式处理器虽然灵活度只能做到信道/子信道级别，但在技术实现难度、质量和功率消耗等相对可再生处理器较低，因而，国外主流制造商和运营商都比较看好此类产品在未来成本效益要求极高的高吞吐量卫星中应用，加紧了相应数字透明处理器的研制步伐，但总体而言，美欧制造商由于起步较早，产品性能（支持的灵活端口数、子信道颗粒度、交换能力等）领先于亚洲的新兴制造商。

4.3.2 可再生处理

可再生处理（Regenerative Processing）技术主要指通过解调、译码将下变频后的接收信号变为基带信号，经过路由交换再对基带信号编码、调制的一种具备星上信号完全处理能力的技术。与单纯完成转发任务的透明式转发器相比，采用可再生处理技术的转发器能够实现数据的分组交换、减少传输差错率、提高卫星网络效率、降低传输时延，改善交换性能等，充分发挥卫星通信的优点。与数字透明转发技术相比，可再生处理技术能够将卫星网络的路由交换颗粒度降低至单个用户级别，实现最大限度的灵活互联互通和资源分配能力，支持网状通信在内的各类拓扑结构，有效提升了卫星容量。

国外目前可再生处理式有效载荷研究集中在美、欧、日等国家和地区，在一些典型的卫星系统中已经实现了应用，但在技术体制略有差别。

美国波音卫星系统公司（Boeing Satellite Systems）在其研制的SpaceWay-3通信卫星上，采用了灵活的分组交换式可再生处理转发器，其工作流程为经上行接收天线接收的上行链路点波束信号通过解调后变为基带信号，送入分组交换单元完成交换后，再经过调制发送到目的点波束下的目的用户，可按需分配带宽并提供直接的点对点联网服务，支持卫星终端之间的单跳通信[18]。具体来看，该系统可再生处理式理念的设计出发点，是将一个地面路由交换机的功能分解到卫星终端、星载交换机和地面网络控制设备共同完成，即从地面IP网络用户的角度看，终端相当于路由器接口线卡、卫星相当于路由器核心交换背板、地面网控设备相当于路由器协议控制软件。地面IP用户与终端之间是IP数据包交互，IP数据包进入卫星网络后，则转换成了卫星网内部数据包（相当于IP包进入一个IP路由器后，路由器内部对IP包进行分段、封装等处理，转换为内部交换信元），并在星上进行交换，到达出口终端（接口卡）再恢复为IP包，传输给用户。

　　欧洲泰雷兹—阿莱尼亚航天公司在研制的Hot bird-6通信卫星上搭载有一个Ka频段有效载荷Skyplex，该载荷是一类特殊的灵活可再生处理式有效载荷，主要目的是在星上就能实现对业务数据的分类再生处理和混合复用，简化传统多媒体通信卫星需要将业务数据在地面业务数据中心复用为一路单独高速数据流再发至星上转发的流程[19]。具体而言，Skyplex可通过解调、星载Turbo解码器解码后，对语音、数据、视频等不同的上行业务数据流（包含6.111Mbit/s、6.875Mbit/s、7.333Mbit/s和2.291Mbit/s 4种数据速率）进行复用，成为符合DVB-S标准的55Mbit/s统一下行业务数据流，减少了用户终端成本，传输延时也降低一半。

　　该公司还为2017年1月发射的西班牙卫星36W-1（Hispasat 36W-1）卫星研制了一款名为红星（Redsat）的可再生处理式载荷，典型产品如图4-13所示。该载荷可同时处理4条36MHz Ku频段信道，对上行接收的DVB-RCS制式信号进行去复用、解调、解码等处理操作后，再转为下行4路DVB-S2制式信号。同时，该处理器具备先进的分/合路能力，可合并以重新配置上行4路信道资源，支持16APSK、32APSK等多种高阶调制方案以及自适应调制编码（ACM）等技术，可显著增加转发器的频谱利用率，按照服务等级协议中规定的不同QoS要求为用户提供差异化、灵活的宽带服务[20]。

　　日本NEC公司在其研制的"八号工程试验卫星"（ETS-Ⅷ）中也采用了星

上处理式转发器，该卫星主要为移动用户之间以及移动用户与地面网之间提供通信服务，其转发器主要由前向链路处理器、交叉链路处理器、主控制处理器、备份控制处理器以及后向链路处理器等五大模块组成，如图4-14所示[21]。

图4-13　泰雷兹研制的Redsat载荷部件图
（左至右依次为接收处理器、发射处理器、下变频器和滤波器组）

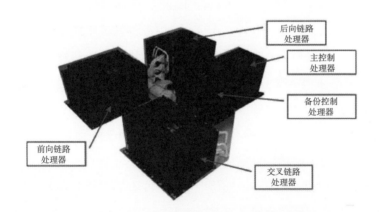

图4-14　日本NEC公司研制的星上再生式处理器

基于该处理器的通信过程如下：①用户移动终端与地面信关站间通信，信关站上行进入卫星转发器的业务和控制信号经过下变频至基带频率，经过解复用后进入交换单元，此时将控制信号解调送入控制处理器来控制信息的交换，交换后的信息通过多路复用后上变频至S频段，最后通过波束成形网络分为31个部分，经固态功率放大器放大、带通滤波器滤波后由天线单元发往地面移动终端；②用户移动终端之间直接通信，由天线阵列接收的31路信号经过带通滤波器滤波、低噪声放大器放大后通过波束成形网络合成一路输出，经过下变频至基带频率，经过解复用后进入交换单元，此时将信息解调处理后再调制送入另一个交换单元，由控制处理器根据解调后的控制信号来控制信息的交换，交换后的信息通过多路复用后上变频至S频段，最后通过发送相位阵列反馈系统发往另一个地面移动终端。

总体来看，星上可再生处理式载荷在支持灵活的网络拓扑结构构建、灵活的业务数据处理、用户资源调度等方面具备其他处理或透明转发载荷所无法相比的优势，但由于进行星上处理会大大增加载荷质量和功率消耗，而且技术复杂度较高导致成本和研制周期也受影响，因此，目前来看，国外更多的是进行相应的技术试验，还未实现大规模商业化应用。

4.4 软件无线电技术

软件定义无线电（Software Defined Radio，简称软件无线电）是指在一个开放、标准化、模块化的通用硬件平台上，通过软件加载实现各种无线电通信功能（如工作频段、调制解调类型、数据格式、加密模式和通信协议等）。其核心设计理念是：集中使用宽带A/D、D/A转换器并尽可能地靠近天线，使无线电功能具备软件可编程能力。

与前述的三大类技术领域不同，软件无线电属于一种新型、综合性的通信技术，其应用需要卫星通信链路从射频到基带各个环节的配合，因而无法单一归属至某一个技术领域。针对传统通信卫星载荷在有效寿命期内无法升级硬件和软件的问题，软件无线电技术具备高灵活性及对更先进数字化标准的扩展性和适应性，提供了一种全新的解决思路。

近年来，随着数字信号处理技术的发展，利用软件无线电实现卫星通信应用，已经逐步克服太空环境（如单粒子效应）和尺寸、重量和功率的限制等因素的影响，国外主要在欧洲和美国大力投入下取得了一些研究成果，但两者在关注的重点上有所差别。

4.4.1 欧洲"软件定义有效载荷"

欧洲航天局是较早开展软件无线电技术在卫星通信领域应用的机构。 2008

年，该机构提出"软件定义有效载荷"（SDP）的概念，软件定义有效载荷由星载硬件和软件技术组成，可以在飞行中针对多种不同的通信场景重构载荷功能，降低刚性配置载荷的运行风险，同时提高有效载荷的可再生能力[22]。其硬件组成包括可重构综合宽带天线、天线开关阵、软件无线电处理平台，如图4-15所示。

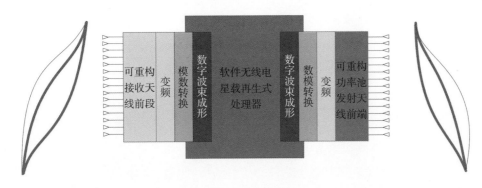

图4-15　支持软件定义有效载荷的通信载荷结构功能组成框图

· 可重构发射/接收天线前端可实现波束形状和覆盖区域的重构，由覆盖各频段的单副或多副天线组成的天线阵构成，其中，发射天线需要多端口放大器的支持。

· 天线开关阵作为辅助设备来完成射频信号的分配，把各频段天线接收到的信号，根据任务要求馈入到软件无线电处理平台的射频输入端，以进行后续处理。

· 软件无线电处理平台作为软件定义有效载荷的核心，采用混合工作模式：在数字透明转发体制下，采用专用集成电路（ASIC）实现数字信道化和波束成形的部分重构功能，嵌入到ASIC元器件中的数字信号处理软件能够根据地面指令，控制数字波束成形系数和分频器设置，从而改变波束构型、频率复用方案以及波形频率分配；可再生处理体制，主要依赖基于抗辐射现场可编程门阵列（FPGA）的软件平台，处理信号的调制解调/编码译码/多址接入体制等，可通过在轨重新加载部分软件，就能支持最新的波形和协议标准，从而实现相应的技术能力更新。

在欧洲航天局的ARTES 3-4计划支持下，加拿大通信设备（COM DEV）欧洲分公司基于上述理念，研制出了基于软件无线电的S频段测控通信转发器，如图

4-16所示。该转发器采用了基于FPGA的软件无线电设计，支持不同的调制方案和数据传输速率，能够适应不同任务类型和任务阶段的需求。目前，该转发器已被萨里卫星技术有限公司（SSTL）选中，将用于其首批6颗Formosat-7卫星中[23]。

图4-16　基于软件无线电的测控通信转发器

4.4.2　美国哈里斯AppSTAR体系结构

美国哈里斯公司在NASA的空间通信和导航（SCaN）计划下开发出一种称为"AppSTAR"的软件无线电有效载荷体系结构，支持处理单元的完全或部分重构[24]。AppSTAR基于高性能的FPGA处理器和数字信号处理器（DSP），利用灵活的软件实现可重构能力，使载荷的任务性能可随着未来的需求改变而升级。该体系结构的关键部分是一个高度灵活的信号处理系统和一套通用的软件基础单元，通过通用的软件应用接口（API）开发可移植的应用和波形，与硬件完全分离，实现第三方的可重编程。AppSTAR体系结构由通用处理器子系统、信号处理子系统和RF前端子系统三部分组成，如图4-17所示。

• 通用处理器子系统包括通用处理器、数字输入/输出卡和功率转换器，主要完成软件的配置和控制功能，包括波形的配置、新软件的安装、信号处理软件的管理，以及整个系统状态的遥测信息的管理。

• 数字处理子系统主要是指数字信号处理单元，它是基于XilinxVirtex 4 FPGA的可编程调制解调器，具有高度的波形变换灵活性，以及完成多种空间任务的能力，包括通信和视频转播，还可以为下一代通信系统提供所需的处理功能。

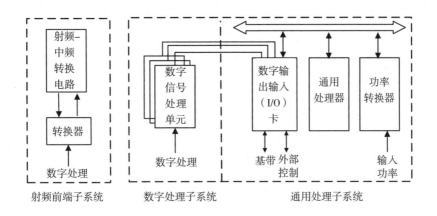

图4-17 AppSTAR™有效载荷体系结构

• RF前端子系统包括功率放大器、变频器、A/D和D/A转换器。

在硬件方面，Harris公司利用标准化产品和商业货架式成品（COTS）组成扩展性尽可能大的无线电架构，其通用处理器和电源转换器都尽可能地使用成品并应用工业标准，以降低产品的成本。硬件抽象是开发软件定义平台的关键，为此该公司还设计了一套硬件描述语言（HDL）模块，实现了对硬件各部分的抽象，并为波形开发人员提供了标准接口。

目前，该公司已研制出两个版本处理器产品，分别为V4可重构空间处理器（V4 RSM）和空间集成处理器-100（SiP-100）。前者集成了抗辐射的Virtex-4 FPGA、通用数字信号处理、256MB的RAM和灵活的输入输出接口等，十分适用空间环境，如图4-18（左）所示。

图4-18 哈里斯基于AppSTAR体系架构的V4 RSM处理器（左）
及其在NASA SCaN计划中的应用（右）

在NASA的SCaN计划中，哈里斯公司利用其现有的软件定义有效载荷体系结构开发了高数据率的Ka频段软件无线电台，集成了V4 RSM处理器，具有在轨重编程、抗辐射信号处理能力，通信速率可超过100Mbit/s。如图4-18（右）所示，Ka频段软件无线电台主要的有效载荷安装在具有6U紧凑PCI开放标准底盘的飞行机箱内。2012年，Ka波段软件无线电台通过测试和演示验证获得了系统飞行认证资质，已达8级技术成熟度（TRL8）。

此外，在铱星下一代（Iridium NEXT）系统上搭载了Aireon公司的天基广播式自动相关监视（ADS-B）接收机，该接收机即采用AppSTAR体系结构设计，可接收来自飞机的ADS-B数据，并经由ADS-B地面站提供给空中导航服务供应商，服务响应时间可缩减至2s以内，从而实现完整覆盖全球的近实时、高频率、高精度的飞机位置监视。2015年，哈里斯公司为Aireon公司制造了用于ADS-B系统的软件定义相控阵天线，体式安装于载荷表面，如图4-19所示。该天线具备灵活的功能：天线方向图可以完全由软件定义，只需从地面向其加载相应软件即可；在执行任务过程中，天线波束可随时进行优化[25]。

图4-19　哈里斯研制的软件定义ADS-B系统相控阵天线

总结来看，软件无线电技术的可重构性特征，使其得到越来越广泛的应用，除了上述两个通信卫星领域的应用，国外近年来开发并验证了多类航天任务的软件定义有效载荷，在相关技术上取得了巨大的进步。但由于空间环境约束，通信卫星上软件定义可重构载荷的发展，落后于地面应用的通信系统。要实现真正意义上的星载软件无线电还有诸多工作要做，但具有可重构功能的灵活软件定义有效载荷毫无疑问成为了通信卫星重要的发展方向。

4.5 主要趋势特点分析

4.5.1 多波束天线助推覆盖灵活性，有源相控阵发展潜力巨大

从星载天线技术的发展趋势来看，随着高吞吐量卫星系统的快速发展，采用多波束天线技术实现多次频率和极化复用从而成倍地提高卫星容量，已经成为重点的技术方向。而多波束天线在天基/地基波束形成、波束重构、波束扫描以及波束跳变等方面具备很强的技术应用潜力，对不规则区域的覆盖具有明显优势，使其成为促进未来通信卫星系统实现波束覆盖灵活性的关键。在目前的多波束天线方案中，馈电阵列反射面和有源相控阵都获得了应用，相对而言，有源相控阵天线可以实现大范围内的高增益跳变覆盖，性能更加灵活，技术实现难度也较大，但近年来随着微波集成、低温共烧陶瓷等基础工艺以及一些关键器件和先进技术的发展，此类天线的研制成本已在逐步降低，随着低轨通信星座建设热潮的推进，在更适合相控阵应用的低轨系统中实现规模化的生产，将进一步削减成本，推动更广泛的应用。

4.5.2 星上信号处理向数字域迁移，推动灵活性效果不断提升

如前所述，通信卫星在模拟和数字波束成形网络选择上的不同，即对载荷的灵活性产生较大影响。事实上，从地面通信系统的发展情况来看，数字化技术在信号传输、处理方面的兼容性、灵活性和经济性都要明显优于模拟系统，而在生产制造方面，数字系统的重复生产要比模拟系统容易得多。对于卫星而言，传统的透明转发式载荷由于仅对信号做滤波、变频、放大等操作，采用数字化方案的优势并不明显，但随着星上处理要求的不断增加，如调制解调、编码译码、变频和滤波等功能也都可以通过数字信号处理器完成，这样原来需要用多个硬件设备实现的功能模块就可以集成至在一个硬件平台上实现，大幅减少硬件规模，节约星上质量消耗，提升系统效率。此外，数字信号处理芯片的处理能力也更强，下一代星载数字处理器将能支持数百个GHz的通信容量，也将支持载荷实现更好的灵活效果。

4.5.3　星载器件抗辐射性稳步提升，SDR恐颠覆载荷研制方式

随着软件无线电支持性能灵活升级的作用和效果在地面通信系统中日益显现，国外针对空间辐射环境（特别是单粒子效应）中此类载荷应用的研究也不断加深，目前已有一些对抗单粒子反转的成熟技术手段，包括擦洗/重写、硬件/软件冗余、纠错编码/电路以及硬件动态重构等方法，研制出了一些专门适应于太空环境的FPGA产品，未来在通信卫星中的应用将进一步加深。软件无线电技术为通信卫星载荷带来的不仅仅是服务能力上的灵活性，在卫星研制方面也将产生巨大效益。对制造商来说，随着技术的进步，由于基于软件无线电的载荷硬件的通用性更好，产品更易实现标准化，利于通过生产线的方式进行批量化的研制生产，可以大大降低投资风险。因此，一旦得到成熟应用，将在一定程度上颠覆现有的针对一个部件建立单一生产线的模式，极大地提升制造商的制造水平。

4.5.4　传统微波载荷瓶颈逐步显现，微波光子技术或成新趋向

前述的所有灵活性都集中在传统的微波领域，而在灵活载荷的研究过程中也发现，近年来国外甚至国内开始关注通过星上光域的载荷技术实现一定的灵活性。究其原因，主要是随着通信卫星载荷小型化、轻量化、大容量、高速处理转发等趋势发展，传统电域微波信号处理与传输技术在有效载荷系统中的局限日益突显，如微波变频载荷的多级结构复杂、隔离度低，高频微波信号传输载荷的损耗高、质量重，微波交换与处理载荷的电磁干扰等。因此，通过引入微波光子技术克服传统电域微波信号处理与传输的局限，可以在完成相同功能的基础上节省大量空间，还可以升级卫星容量（至数十波束），而光域波分复用（WDM）技术也可以应用于载荷中，进一步提高灵活的交叉连接能力，使载荷通信容量和性能更优于传统微波载荷。目前，在欧洲航天局的支持下，泰雷兹—阿莱尼亚航天公司已经在该领域开展了大量工作，开发了一整套灵活的微波光子产品，并进行了地面演示验证[26]；美国DARPA以及哈里斯公司也进行了相应研究。未来，该技术在构建灵活转发器方面将具备更大的发展空间。

参考文献

[1] Luh, H. A zoom reflector antenna, Antennas and Propagation Society International Symposium, July 2010.

[2] M. Schneider. Test Results for the Multiple Spot Beam Antenna Project "Medusa". 2010.

[3] Antonio Montesano et al. EADS CASA Espacio RX DRA: IRMA heritage in X band and ELSA development in KU band. 2012.

[4] Glyn Thomas, Nicolas Jacquey, Marc Trier, Patricia Jung-Mougin. Optimising Cost per bit: Enabling Technologies for flexible HTS payloads. 2015.

[5] H. CHAN. Advanced Microwave Technologies for Smart Flexible Satellite. 2011.

[6] Nicola Porecki et al. Flexible Payload Technologies for Optimising Ka-band Payloads to Meet Future Business Needs. 2013.

[7] V. Marziale, A. Pisano, Flexible Payload Technologies to enable multi missionsatellite communication system. June 2006.

[8] H. Leblond. When New Needs for Satellite Payloads Meet with New Filters Architecture and Technologies. 2009.

[9] Ph.Bone et al. Advanced Flexible Ku Band MPM ARTES 3. IVEC 2009.

[10] Jaumann Gunther. Improved Flexibility by In-Orbit-Adjustable Saturation Output Power of TWTs. IVEC 2009.

[11] Jane's Space Systems and Industry. Multifunctional Transport Satellite (MTSAT) / Himawari-6 & 7 series. December 2016.

[12] Ian Morris et al. Airbus Defence and Space: Ku Band Multiport Amplifier powers HTS Payloads into the future. 2015.

[13] P. James et al. Design Of A Multiport Amplifier Beam Forming Network For A Mobile Communications Antenna. 2006.

[14] Thales Alenia Space. Ku Band Microwave Switch Matrix Provides programmable RF inputs/outputsconnections. June 2012.

[15] Ph. Voisin et al. Payloads Units for Future TelecommunicationSatellites-a Thales perspective. 2010.

[16] Futaba Ejima et al. Digital Channelizer for High Throughput Satellite Communications. September 2014.

[17] Himanshu M Shah et al. An Onboard Digital Transparent Processor for a Multi-beam Satellite. 2015 2nd International Conference on Signal Processing and Integrated Networks (SPIN). 2015.

[18] Steven Arnold et al. Implementing A Mobility Architecture For A Regenerative Satellite Mesh Architecture (Rsm-A) System A Spaceway Perspective. 2008.

[19] Manfred Wittig. Regenerative Communication Satellites Developments in Europe, Past Present and Future. 2007.

[20] EOPortal. SmallGEO (Small Geostationary Satellite Platform) Initiative / HispasatAG1 Mission. 2017.

[21]Osamu Takeda et al. Development of On-Board Processor for the Japanese Engineering Test Satellite-VIII (ETS- Ⅷ). 2003

[22]Piero Angeletti and Riccardo De Gaudenzi. From "Bent Pipes" to "Software Defined Payloads": Evolution and Trends of Satellite Communications Systems. June 2008.

[23]Piero Angeletti, Marco Lisi, Piero Tognolatti. Software Defined Radio: a Key Technology for Flexibility and Reconfigurability in Space Applications. 2014.

[24]Alan W. Mast. Reconfigurable Software Defined Payload Architecture That Reduces Cost and Risk for Various Missions. 2011.

[25]Dr. Michael A. Garcia et al. Aireon Space Based A Ds-B Performance Model. April 2015.

[26]M. Sotom, B. Bénazet, A. Le Kernec, M. Maignan. Microwave Photonic Technologies for Flexible Satellite Telecom Payloads. 2007.

5 Q/V频段馈电链路抗雨衰技术

Q/V频段馈电链路降雨衰减补偿技术，包括自适应编码调制技术（ACM）、自动上行功率控制（AUPC）和信关站分集技术（GDT）技术。其中，AUPC和ACM技术已经在卫星通信中得到充分的研究和广泛的应用，可以应用到Q/V频段甚高通量卫星应用系统中。

对于使用Q/V频段的甚高通量卫星通信系统，如果仅使用上行功率控制技术和自适应调制编码技术，无法完全补偿降雨衰减，不能完全解决Q/V频段电磁波面临的降雨衰减问题。因此需要使用多信关站联合抗雨衰技术，充分利用降雨衰减在空间和时间分布不均匀的特性，补偿降雨衰减，提高链路可用度。最常用的信关站空间分集方案包括1+1备份方案和N+P备份方案，两种方案均已应用到Ka频段高通量卫星通信系统中。相比于1+1备份方案，N+P备份方案更适合应用于Q/V频段甚高通量卫星应用系统中。本章重点介绍N+P备份方案的系统体系架构、频率计划、系统容量、载荷设计和可用度分析。

5.1 馈电链路上行AUPC

出境自动功率控制由信关站设备——上行功率控制器实现，主要解决信关站端地域雨衰的问题。根据系统链路计算结果，配置调制器输出电平，并为AUPC配置电平衰减余量以补偿信关站端链路雨衰。

信关站端的上行自动功率控制的目的是维持卫星的接收电平在标称值。自动功率控制可以补偿发生在信关站的多种衰减或者实际功率传输过程中的长期变化，如线缆带来的衰减、卫星位置的偏移和老化等。典型情况下，上行自动功率控制用来补偿雨衰，它将利用卫星的信标信号的测量值来估算卫星下行的雨衰和推断上行传输链路的衰减值。

信关站采用"跟踪接收机+上行功率控制器"的方式实现自动功率控制。跟踪接收机接收信标信号，并输出直流电压来反映信标电平的变换，间接反映了上行雨衰的大小。上行功率控制器内部包含了一个电控衰减器，使用跟踪接收机提供的直流电压来控制衰减器的衰减量。上行功率控制器连接在调制器和上变频器之间，通过控制变频器的输入信号电平来控制信关站的发射EIRP，从而保证信关站发射载波到达卫星接收天线的通量谱密度基本保持不变。工作原理图如图5-1所示。

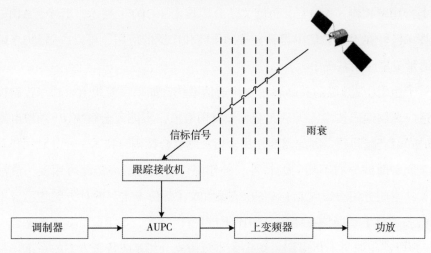

图5-1　信关站上行功率控制原理图

AUPC的工作流程如下所示：

①晴天时，根据电压—衰减曲线，设置UPC为最大衰减值（降雨最大时的衰减），以及配置调制器的输出电平及其他设备的增益值。

②在降雨时，系统接收的信标信号减小，跟踪接收机的输出直流电平相应减小。

③UPC判断到输入电平减小，判定外部降雨，根据内存中的电压—衰减曲线，相应减小设备内部的衰减值。

④UPC的衰减值减小，输出电平增高。

⑤U/C输入电平增高，输出电平相应增高。

⑥HPA输入电平增高，输出电平相应增高。

⑦上行链路输出电平增高，自动调节功能达到。

⑧同理，在降雨减小时，依据此步骤，相应降低信关站输出功率。

5.2 前向链路ACM

Q/V频段无线信号容易受到气象因素的影响，尤其在雨雪雾天气时，无线信号传输损耗比较大，信号传输质量低，对用户的使用造成影响。因此，在进行系统设计时，需对天气等不稳定因素进行考虑分析。基于DVB-S2/S2X协议标准，使用自适应编码调制（ACM）技术对抗雨衰，可实现的雨衰控制动态范围最大达到近20dB。如图5-2所示，前向自适应编码调制（ACM）方式可从QPSK 4/5（雨天）到128APSK 7/9（晴天）之间根据链路情况任意选择，低阶编码调制方式对应的解调门限较低，健壮性好，可保证终远端站在链路恶劣的情况下维持服务畅通；高阶编码调制方式对应的解调门限高，应用在链路较好的情况下，带宽利用率较高。

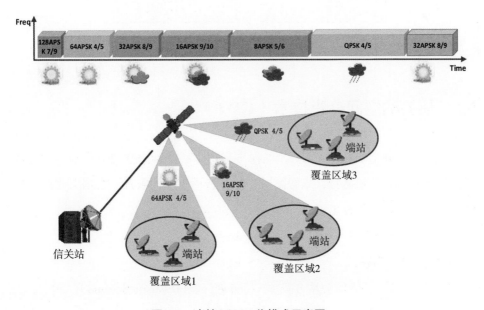

图5-2 出境ACM工作模式示意图

DVB-S2/S2X信道使用帧结构来承载业务，在ACM模式下，针对不同的远端站点，每帧根据实际链路情况可采用不同的编码调制方式，优化出境传输效率。远端站周期性向信关站反馈接收到出境载波信号质量，当链路条件改变时，信号质量会发生变化，信关站根据此信息选取最合适的出境编码调制方式（每个远端站根据链路实际情况接收不同编码调制方式的信号），每个出境的DVB-S2/S2X帧可包含送给多个远端站的IP数据包。

图5-3给出了固定编码调制（CCM）与ACM在链路可用时间上的比较结果。通过比较可知，采用ACM技术，链路的不可用时间由0.2%降至0.05%，信道利用率提高，同样的转发器带宽情况下，系统网络吞吐量也可提升。

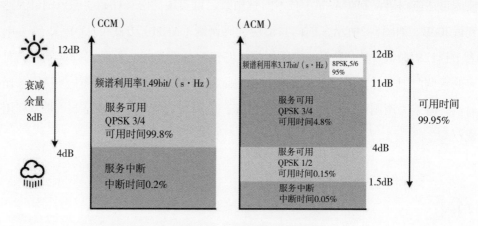

图5-3 CCM与ACM比较示意图

5.3 信关站空间分集技术（GDT）

信关站空间分集抗雨衰技术[1]的根本思想，就是利用空间上降雨不相关性，为信号提供多条传播路径，来缓解对于一条传播路径的依赖。根据工作原理的不同，信关站空间分集技术可以分成3种不同方案：

（1）1+1备份方案（Single Site Diversity Scheme）。

（2）N+P备份模式（N+P diversity Scheme）。

（3）N-active智能信关站方案（N-active Smart Diversity Scheme）。

其中，前两种方案是较为常用的，工程上已有应用；最后一种方案较为先进，目前工程上尚无应用，将在第6章中详细介绍。

5.3.1 1+1备份方案

1+1备份模式是指每个主用信关站均配备一个备用站，备用站可只配置天线和射频链路，两者之间使用光纤网络相连。主用站和备用站之间，相隔足够远，以降低其降雨相关性。当主用站因降雨量过大导致链路中断时，天线和射频链路切换到备用站，基带设备仍然使用主用站的，其工作原理如图5-4所示。

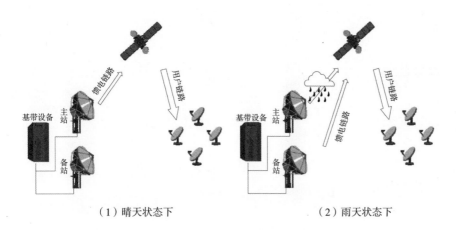

（1）晴天状态下　　　　　　　（2）雨天状态下

图5-4　1+1备份方案工作原理图

根据相隔距离D（km）的主备站相关系数ρ的计算公式[2]：

$$\rho = 0.94\exp\left(-\frac{D}{30}\right) + 0.06\exp\left[\left(-\frac{D}{500}\right)^2\right] \tag{5.1}$$

可知当主备站间的距离大于100km时，两者可认为空间不相关。

本方案最大的优点是系统可用度最高，星上载荷可继续使用透明转发器，不需要做特别的设计，缺点是信关站数量直接翻倍，信关站成本较高且选址困难。

5.3.2 *N+P*备份方案

*N+P*备份模式是指*N*个信关站同时工作，当*N*个信关站中的*P*个因降雨量过大导致链路中断时，链路切换到备用站，备用站数量最多为*P*个（$P \leq N$）。当*P*=*N*时，该模式等同于1+1备份。从图5-5中可以看出，*N+P*配置下，当*P*=1时，也就

是在只有一个备份站的系统中，如果两个信关站因降雨同时中断，那么只有一个信关站下的用户中断可以在备份站的支持下继续工作。根据前面主备站相关系数 ρ 的计算公式，通过加大信关站之间的距离，可以大大降低两个信关站同时经历大雨衰的概率。在保证馈电链路可用度的要求下，备用站的数量，取决于对可靠性的要求和网络的规模。

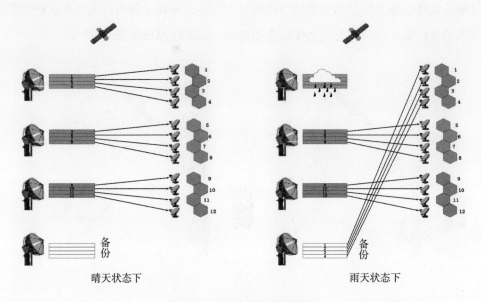

晴天状态下　　　　　　　　　　　　雨天状态下

图5-5　N+P方案工作原理图

5.3.2.1　系统体系架构

设计 N 个主用信关站，P 个备用信关站，同一时刻，用户只和其中一个信关站相连接。信关站之间彼此通过地面光纤网络连接。当 N 个主用信关站中任意一个经历强降雨，处于中断状态，那么由星上切换设备实现切换，将馈电波束指向备用信关站，将受强降雨影响的原主用信关站的用户数据流量路由至备用信关站，由备用信关站接管用户波束簇。信关站之间通过地面光纤网络连接，并且连接到网络操作控制中心（Network Operation Control Center，NOCC）。系统体系架构如图5-6所示，图中信关站1为左上部分用户提供服务，信关站 N 为右下部分用户提供服务，信关站2服务的用户波束未在图中画出。

在图5-6中，左上角的1簇用户波束，与信关站1通过高通量卫星连接；右下角1簇用户波束，通过高通量卫星，与信关站N连接。信关站2，3，…，N-1分别

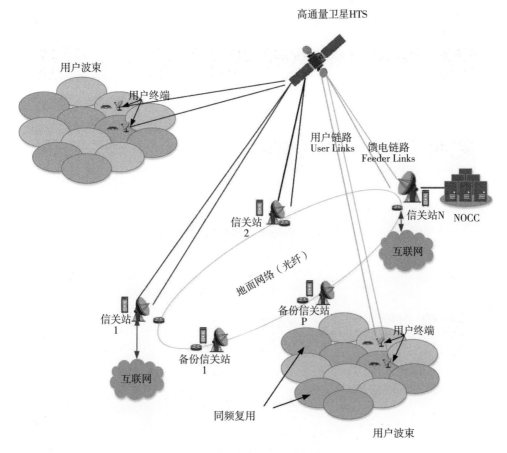

图5-6　*N+P*方案系统体系架构图

通过高通量卫星与各自的用户波束簇相连。N个信关站中若有1个信关站因强降雨导致链路中断，将由备份信关站中天气状况更好的那个信关站接管这1簇用户波束；N个信关站中若有2个信关站因强降雨导致链路中断，将由2个备份信关站各自接管1簇用户波束。

5.3.2.2　频率计划

本节给出了一种典型的VHTS系统的频率规划，前向链路频率规划如图5-7所示，返向链路的频率规划如图5-8所示。频率规划设计的前提条件如下：

用户链路：

• 频率：Ka频段；

• 160个Ka点波束（每波束宽度0.6°）；

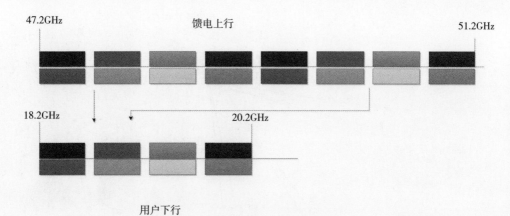

图5-7　V-Ka前向链路频率规划

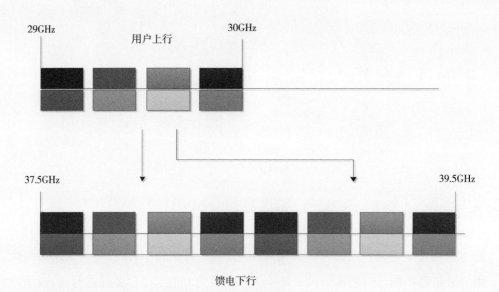

图5-8　Ka-Q返向链路频率规划

- 8色频分极化复用；
- 上行：每个点波束带宽250MHz；
- 下行：每个点波束带宽500MHz。

馈电链路：

- 频率：Q/V频段；
- 信关站个数N=10，P=2；
- 上行：每个信关站每个极化4GHz带宽；

• 下行：每个信关站每个极化2GHz带宽。

VHTS系统前返向链路频率规划与极化方式如表5–1所示。

表5–1　卫星载荷频率规划表

	上行链路 频率（GHz）	上行链路 极化方式	下行链路 频率（GHz）	下行链路 极化方式
前向链路	47.2~51.2	LHCP/RHCP	18.2~20.2	LHCP/RHCP
返向链路	29~30	LHCP/RHCP	37.5~39.5	LHCP/RHCP

卫星载荷前向链路载荷转发器带宽为500MHz，信关站上行链路为V频段，两个极化总的可用带宽为8GHz，1个信关站可以管理16个用户波束，而点波束复用方式为8色复用，因此1个信关站可以管理2个簇的用户波束。同理，卫星载荷返向链路载荷转发器带宽为250MHz，用户上行链路为Ka频段，1个簇用户波束可用带宽2GHz，信关站下行链路为Q频段，两个极化总的可用带宽为4GHz，2个簇的用户波束可以被1个信关站管理。

5.3.2.3　载荷方案设计

$N+P$方案HTS载荷分前向转发链路和返向转发链路，前向转发链路接收来自V频段信关站的信号，经过初步的频率预选滤出杂波后，通过微波机械R开关组成的切换矩阵，在$N+P$个天线中选择通信的N个馈源通道，实现对信关站主备份的选择。之后进行低噪声系数的功率放大。放大后的V频段信号经过通道滤波器进一步滤除干扰信号，之后通过V/Ka变频器进行频率变换，把V频段的信号转换成Ka频段的信号。变频器部件设置备份。变频后的信号通过滤波器，对变频杂波进行滤除，之后进入LCTWTA进行高功率放大。实现高功率放大后的信号，通过输出四工器进行频分，每通道信号500MHz带宽，作为一路用户波束信号通过Ka用户天线发射到用户波束去。$N+P$方案（10+2）前向链路载荷示意图如图5–9所示。

返向转发链路接收来自用户波束的Ka频段用户业务信号，经过初步的预选滤波后，进入LNA低噪声放大器备份网络进行初步的信号放大。放大后的射频信号，进入多工器进行频率合成形成40路宽带信号。合成后的宽带信号由变频器变换到Q频段，变频后的信号通过混合桥进入HPA进行放大，再通过切换矩阵选通信关站。$N+P$方案（10+2）返向链路载荷示意图如图5–10所示。

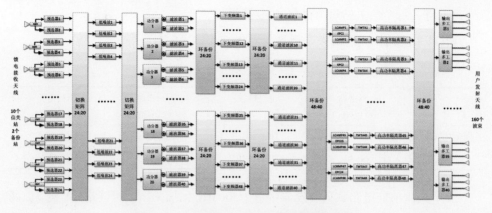

图5-9 N+P方案（10+2）前向载荷示意图

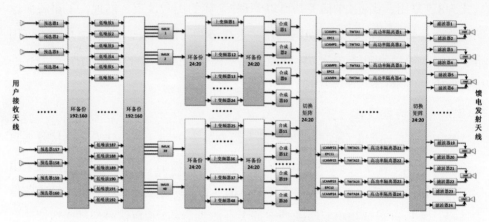

图5-10 N+P方案（10+2）返向载荷示意图

5.3.2.4 系统容量计算

系统容量的计算需要首先进行前向链路计算和返向链路计算。前向链路计算所需的参数除了表5-2和表5-3所示的参数外，还应用了以下假设：

- 信关站数量$N=10$，每个信关站管理16个用户波束，备用站数量$P=2$。
- 每个波束包含5个载波。
- 用户终端天线口径为75cm，天线效率为66%。
- 10%的保护带宽和5%的滚降系数。
- 前向链路使用DVB-S2X标准。
- 不同信关站的馈电链路上降雨衰减事件是完全不相关的，一个点波束上的衰减事件是完全相关的。

表5-2 V频段晴天馈电链路

参数	单位	值
载波带宽	MHz	100
保护带	—	10%
载波净带宽	MHz	90.9
滚降系数	—	0.05
符号速率	兆符号/s	86.57
调制编码方式	—	8PSK 3/4LDPC
数据速率	Mbit/s	194.78
载波频率	GHz	50
载波上行链路EIRP	dBW	65.97
上行链路自由空间损耗	dB	218.03
大气衰减	dB	2.2
指向精度损耗	dB	0.3
卫星指向信关站G/T	dB/K	18.5
上行链路C/N	dB	12.96

表5-3 转发器工作点

参数	单位	值
载波饱和通量密度	dBW/m^2	−99.11
卫星饱和通量密度	dBW/m^2	−88
输出回退	dB	5.5
输入回退	dB	3.5
卫星饱和EIRP	dBW	64.5
载波下行链路卫星EIRP	dBW	55.39

• 雨天，位于北京的信关站上行链路可用度为98.0%，位于北京的用户下行链路可用度为99.5%。

• 卫星指向信关站的G/T值为18.5dB/K，卫星指向用户的饱和EIRP值（覆盖区均值）为64.5dBW。

考虑每个波束包含5个载波，晴天条件下前向链路预算结果如表5-2、表5-3、表5-4和表5-5所示，雨天条件下前向链路预算结果如表5-6所示。根据上述计算结果可以看出，晴天前向链路频谱利用率可以达到2.14bit/（s·Hz）。

表5-4 Ka频段晴天用户下行链路

参数	单位	值
载波频率	GHz	20
下行链路自由空间损耗	dB	210.07
大气衰减	dB	0.8
指向精度损耗	dB	0.2
用户终端接收G/T	dB/K	18.35
下行链路C/N	dB	11.69

表5-5 晴天前向链路余量

参数	单位	值
C/I	dB	18.2
综合C/(N+I)	dB	8.75
综合Eb/N0	dB	5.44
门限Eb/N0	dB	4.6
Eb/N0余量	dB	0.84

表5-6 雨天前向链路预算

参数	单位	值
符号速率	兆符号/s	86.57
调制编码方式	—	QPSK 1/2
信息速率	Mbit/s	86.57
载波上行链路EIRP	dBW	75.56
上行链路大气衰减	dB	7.75
上行链路降雨衰减	dB	5.55
上行链路C/N	dB	11.45
卫星载波下行链路EIRP	dBW	53.78
下行链路大气衰减	dB	2.31
下行链路降雨衰减	dB	2.78
用户终端G/T雨天下降	dB	1.81
下行链路C/N	dB	4.08
总体C/(N+I)	dB	3.21
总体Eb/N0	dB	3.42
Eb/N0门限	dB	1.5
Eb/N0余量	dB	1.92

返向链路假设每个用户的可用带宽为10MHz，星上转发器对于馈电链路的带宽为500MHz。因此，下行馈电链路非线性功率放大器处理50路载波。在返向链路预算方面，晴天状态下，下行馈电链路比上行用户链路强7.2dB，返向链路情况主要由用户上行链路决定，可以使用16-QAM高阶调制和3/4 Turbo编码方式[3]。

根据链路分析可以看出，前向链路的频谱利用率可以达到2.14bit/（s·Hz），返向链路的频谱利用率可以达到2.27bit/（s·Hz）。整个VHTS通信系统的容量预计可以达到235.8Gbit/s，如表5-8所示。

表5-8　VHTS吞吐量计算

参数	单位	前向链路	返向链路
转发器有效带宽（包含10%的保护带宽）	GHz	72（10×4 GHz$\times 2 \times 0.9$）	36（10×2 GHz$\times 2 \times 0.9$）
调制编码方式	—	16APSK 2/3LDPC	16QAM 3/4Turbo
频谱利用率	bit/（s·Hz）	2.14	2.27
容量	Gbit/s	154.08	81.72
总容量	Gbit/s	235.8	

5.3.2.5　可用度理论分析

用户可用度是指用户可用时间占全年时间的百分比，用户可用度能够反映出卫星通信链路的性能，进而衡量卫星通信系统的性能。本书计算的用户中断概率，是指由于信关站中断导致的用户中断的概率。用户可用度则为100%与用户中断概率的差值。

为了对N+P模型的可用度做理论计算，通常认为降雨衰减服从对数分布。下面，根据前文的假设参数和频率资源划分，推导模型的可用度计算公式。假设用户链路补偿措施依然采用现有的措施，可以正常通信。

（1）可用度公式推导

①单个信关站中断概率的计算

假设主用信关站数量为N，用户下行链路数量为M，A_i表示第i个信关站经历的雨衰，i=1，2，…，N，其中一个信关站超过门限A_t的概率[4]为：

$$P\left(A \geqslant A_t\right) = 0.5erfc\left(\frac{\ln A_t - \mu_\alpha}{\sqrt{2}\sigma_\alpha}\right) \qquad (5.2)$$

其中μ_α是降雨期间降雨衰减的对数平均值，σ_α是降雨期间降雨衰减值标准差，根据各地降雨情况统计计算得出。使用式（5.3）进行代换，

$$U(A) = \frac{\ln A - \ln A_m}{\sigma_\alpha} \tag{5.3}$$

可得：

$$P(A \geqslant A_t) = P(U \geqslant U_t) = 0.5 \times erfc\left(\frac{U_t}{\sqrt{2}}\right) \tag{5.4}$$

其中，U是均值为0的正态分布的随机变量。

②计算系统中出现k个信关站中断的概率

假设每个信关站之间相互独立，那么事件发生的概率就等于各个信关站中断的概率的乘积。如系统中N个信关站全部中断的概率为：

$$P_{outage} = P(A_1 \geqslant A_{t1}) \cdot \dots \cdot P(A \geqslant A_{tN}) = p_1 \cdot \dots \cdot p_N \tag{5.5}$$

其中，P_1到P_N表示个信关站中断概率。

因此，若想计算N和信关站中k个信关站中断的概率，则需要通过求解方程来计算。假设x_1，x_2，x_3，$\cdots$，x_N表示信关站1，2，$\cdots$，N的通断情况。$x=1$，表示信关站中断；$x=0$，表示信关站正常。那么$x_1+x_2+x_3+\cdots+x_N=k$，就表示事件：N个信关站中有k个信关站中断。以上方程，共有λ个解；$\lambda = \begin{pmatrix} N \\ k \end{pmatrix}$，$\lambda$表示所有的可能结果。

那么可以得到：

$P(\text{k gateways to outage})$

$= P(\text{set of k Gateways in outage}) P(\text{set of N-k available Gateways}) \tag{5.6}$

$$= \sum_{l=1}^{A} \left(\prod_{j=1}^{N} \mathrm{p}_j^{X_j^l} \right) \left(\prod_{j=1}^{N} \left(1-p_j\right)^{|X_j^l-1|} \right)$$

③计算用户中断概率

在使用不同的假设模型和算法，获得系统中中断k个信关站的中断概率后，根据计算原理。任意一个用户波束，被N个信关站中任何一个服务的概率都是$1/N$。用Poutage表示用户波束中断的概率，用$P(k\ gateways\ in\ outage)$表示系统中$k$个

信关站中断的概率，那么用户中断的概率为：

$$P_{\text{outage}} = \frac{1}{N}P(1\ gateway\ in\ outage) + \cdots + \frac{i}{N}P(i\ gateways) \tag{5.7}$$

$$= \sum_{i=0}^{N} \frac{i}{N}P(i\ gateway\ in\ outage)$$

（2）每个信关站中断概率相等

在计算式（5.6）时，可采用简化方式，即假设所有的信关站降雨完全服从相同的分布。那么，系统中中断信关站的数量服从二项分布，概率可使用二项分布的公式来计算，因此可以得出：

$$P(k\ gateways\ in\ outage) = \binom{N}{k}p^{k}(1-p)^{N-k} \tag{5.8}$$

其中N表示系统中信关站数量，k表示中断信关站数量。

在$N+P$抗雨衰模型下，若中断信关站个数小于P则不会出现用户中断，只有中断信关站个数超过P，系统中才会出现用户中断的情况。因此在这种条件下，公式（5.8）可变化为：

$$P(k+P\ gateways\ in\ outage) = \binom{N+P}{k+P}p^{k+P}(1-p)^{N-k} \tag{5.9}$$

其中k的取值范围：$k \leq N$，$k \in N^*$。

（3）每个信关站中断概率不等

当信关站中断概率不相等时，则需要分步计算用户中断概率。

$N+P$模式下，假设第i个信关站的失效概率为p_i，失效信关站的数量k，k可写为$Y = X_1 + X_2 + \cdots + X_N + \cdots + X_{(N+P)}$，即$N+P$个相互独立的随机变量$X_k$之和，且$P_r\{X_k=1\}=1-p_k$，$P_r\{X_k=0\}=p_k$。这些随机变量之和$Y$的分布，可以由随机变量$X_k$的线性卷积[5]得到：

$$P_r\{Y=0\} = (1-p_1)(1-p_2)\cdots(1-p_{N+P})$$

$$P_r\{Y=1\}=p_1(1-p_2)\cdots(1-p_{N+P})+(1-p_1)p_2(1-p_3)\cdots(1-p_{N+P})+\cdots$$
$$+(1-p_1)(1-p_2)\cdots(1-p_{N+P-1})p_{N+P}$$

.

.

. $\qquad\qquad\qquad\qquad\qquad\qquad\qquad\qquad\qquad\qquad$（5.10）

$$P_r\{Y=P+1\}=p_1 p_2\cdots p_{P+1}(1-p_{P+2})(1-p_{P+3})\cdots(1-p_{N+P})+(1-p_1)p_2 p_3\cdots$$
$$p_{P+2}(1-p_{P+3})\cdots(1-p_{N+P})+\cdots$$

.

.

.

$$P_r\{Y=N+P\}=p_1 p_2\cdots p_{N+P}$$

将公式（5.10）代入公式（5.7）中，即可计算信关站中断概率不相等的条件下，完成对用户可用度的计算。

5.3.2.6 可用度数学仿真

（1）等概条件下可用度仿真分析

①在主用信关站数量$N=10$，备用信关站$P=0$、1、2的条件下，用户可用度随信关站中断概率变化的仿真

为了定量分析引入一定数量的备用信关站的$N+P$模型，可为用户可用度带来多大程度的提升，需要首先固定主用信关站数量（$N=10$），然后分别改变备用信关站数量（$N=0$、1、2）和信关站中断概率（1%~3%），仿真用户可用度的变化。仿真结果如图5-11所示，假设信关站之间能够进行理想切换。

图5-11中星标曲线，为备用信关站数量$P=0$，即没有备用信关站的条件下，用户可用度曲线，作为对照实验。圆标曲线和无标曲线，分别为$N=1$和$N=2$的实验曲线。根据仿真曲线，可得出以下结论：

• 增加备用信关站，可以很好地提高用户可用度。在信关站中断概率为3%（用户可用度97%）的条件下，增加1个备用信关站，可以将用户可用度提升至99.5%以上；增加2个备用信关站，可以将用户可用度提升至99.9%以上。

• 在信关站中断概率不大于1.4%（用户可用度不小于98.6%），主用信关站数量$N=10$的条件下，为达到用户可用度不小于99.9%的要求，系统最少可增加1个备用信关站。

• 在主用信关站$N=10$的条件下，增加2个备用信关站，可以保证在信关站中

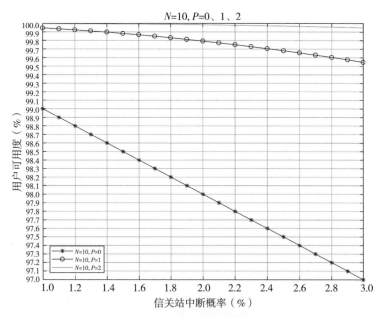

图5-11 N=10， P=0、1、2，用户可用度随信关站中断概率变化曲线

断概率不大于3%（用户可用度不小于97%）时，用户可用度达99.9%以上。

②固定信关站中断概率，改变主用和备用信关站数量。

除了研究不同备用信关站数量对用户可用度性能提升程度外，本书还研究了在相同备用信关站数量和相等信关站中断概率，并且保证用户可用度超过99.9%的条件下，系统可配置的主用信关站最大数量。

本书在信关站中断概率为2%，备用信关站数量 P=1、2、3的条件下，进行了仿真，并绘制了用户可用度随主用信关站数量变化曲线，如图5-12和图5-13所示。

由仿真曲线图5-12可以看出，在信关站中断概率为2%的条件下，采用 $N+P$ 模型，增加备用信关站数量 P=1，可以保证在主用信关站数量 $N \leqslant 4$ 的情况下，系统可用度在99.9%以上；增加备用信关站数量 P=2，可以保证在主用信关站数量 $N \leqslant 30$ 的条件下，系统可用度在99.9%以上；增加备用信关站数量 P=3的曲线图，参看图5-13。

由图5-13可以看出，增加备用信关站数量 P=3，可以保证主用信关站数量 $N \leqslant 66$ 的条件下，系统可用度在99.9%以上。根据上述结论，得出备用信关站数

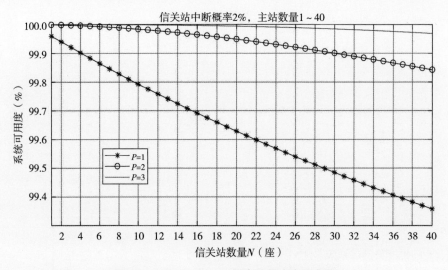

图5-12　P=1、2、3，用户可用度变化曲线

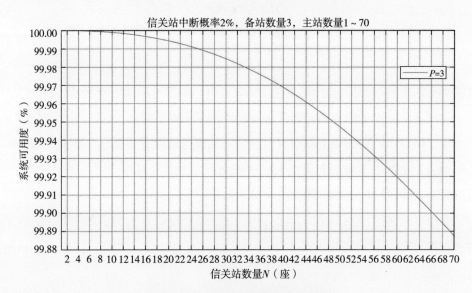

图5-13　P=3用户可用度变化曲线

表5-8　备用信关站数量分段配置表

备站数量P（座）	系统可用度99.9%， 可以保证的信关站数量N（座）	主站增量
1	N≤4	—
2	N≤30	26
3	N≤66	36

量分段配置表如表5-8所示。

（2）不等概条件下可用度仿真分析

考虑到中国幅员辽阔，降雨分布不均匀，有必要在信关站中断概率不相等的条件下进行仿真。使用ITU模型，在降雨衰减不超过15dB的条件下，中国主要城市信关站的可用度，结果如表5-9所示。

表5-9　15dB衰减下中国主要城市信关站可用度

城市	北京	哈尔滨	西安	昆明	乌鲁木齐
中断概率	98.0%	98.0%	98.0%	99.1%	99.7%
城市	拉萨	西宁	喀什	上海	广州
中断概率	99.8%	99.8%	99.8%	96.0%	95.0%

根据5.3.2.5节第二项推导的中断概率不相等的用户可用度计算公式，代入表5-9中数据，计算了$N=10$、$P=1$和$N=10$、$P=2$（备用信关站中断概率2%）条件下，用户的可用度结果分别为99.83%和99.976%。

位于中国西北部的乌鲁木齐、拉萨、喀什降雨概率小，降雨强度弱，一年中有99.8%左右的时间，降雨衰减强度小于15dB；位于中国东南沿海的上海、广州使用AUPC和ACM技术，可以达到的信关站可用度在95%左右。针对中国情况，采用信关站可用度最大值99.8%、中位数98%、最小值95%评估的方法计算需要建设的备用信关站数量。

根据理论分析和数学仿真的结果，可得出结论：按照最恶劣降雨环境，即信关站可用度95%设计，需要配置备用信关站数量$P=3$；按照中间水平降雨环境恶劣程度，即信关站可用度98%，需要配置备用信关站数量$P=2$；按照最优降雨环境，即信关站可用度为99.8%，需要配置信关站数量$P=1$。仿真结果，如表5-10

表5-10　不同降雨环境备用信关站配置表

降雨环境	信关站中断概率	备用信关站数量	用户可用度
最恶劣	95%	3	99.97%
中间水平	98%	2	99.98%
	99.1%	1	99.96%
最优	99.8%	1	99.9978%

所示。

根据表5-10加以分析，可得出以下结论，由于10个信关站中，只有2个信关站可用度低于98%，只占1/5，其余8个信关站的可用度都至少在98%以上，占4/5，所以针对中国情况，在只补偿15dB降雨衰减的条件下，修建2个信关站，即可以满足信关站可用度高于99.9%。

若不想增加2座信关站，则可以通过增加地面天线口径等方式，提高降雨环境恶劣地区的链路补偿余量。如补偿余量至18dB，则上海地区信关站可用度将提高至98%，广州地区信关站可用度提高至98%。根据计算结果，采用备用信关站数量N=1的模型，即可使用户可用度达到99.9003%，恰好满足需求。

参考文献

[1] Panagopoulos A D，Arapoglou P D M，Cottis P G . Satellite communications at KU, KA, and V bands: Propagation impairments and mitigation techniques[J]. Communications Surveys & Tutorials IEEE, 2004, 6 (3): 2-14.

[2] ITU-R Recommendation P. 1815-0, Differential rain attenuation[S]. 2007.

[3] Katona Z. Channel adaptive output back-off setting of non-linear power amplifiers for high throughput multi - spot beam satellite systems[J]. International Journal of Satellite Communications & Networking, 2015, 33 (5): 391-404.

[4] Lin S H . Statistical behavior of rain attenuation[J]. Bell System Technical Journal, 2014, 52 (4): 557-581.

[5] Kyrgiazos A，Evans B，Thompson P，et al. Gateway diversity scheme for a future broadband satellite system[C]// Advanced Satellite Multimedia Systems Conference. IEEE, 2012: 363-370.

6 智能信关站分集技术

　　智能信关站分集技术设想最早于1998年在Smart Gateway的基础上被提出[1]，但当时该设想计划通过星上处理（On Board Processing）来实现现有透明转发器的条件下实现智能信关站分集的N-active方案构架如图6-1所示，使用若干地面信关站，彼此之间通过地面网络连接，形成可灵活路由馈电链路信息的网络，可以通过分集技术对抗某个信关站与卫星之间的馈电链路强雨衰[2]。

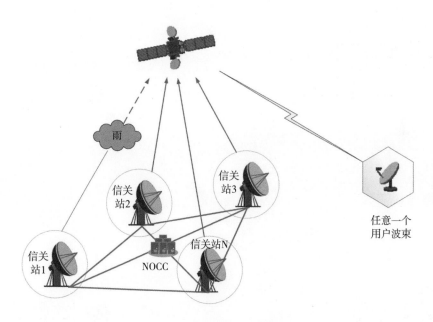

图6-1　N-active方案架构

　　N-active方案，分为频分多路复用方案（FDMA）和时分多路复用方案（TDMA）。FDMA方案，通过增加星上本振数量的方式，来实现一个用户波束由多个信关站服务。TDMA方案，通过划分时隙的方式，实现用户波束可以在不同的时隙接入不同的信关站，从而实现一个用户波束由多个信关站来服务。

本章主要介绍频分多路复用和时分多路复用两种N-active方案系统体系架构、频率计划、系统容量、载荷设计和可用度分析，并将它们与上一章介绍的N+P方案从可用度、载荷复杂度、建设成本等几方面进行了对比分析。

6.1 N-active方案（频分多路复用）

6.1.1 系统体系架构

N-active FDMA模型的根本思想在于单个用户波束通过频分多址复用的方式与所有信关站连接。任意用户波束可以向所有信关站发送信息，也接收来自所有信关站的信息。N-active FDMA模型的工作原理如图6-2所示。

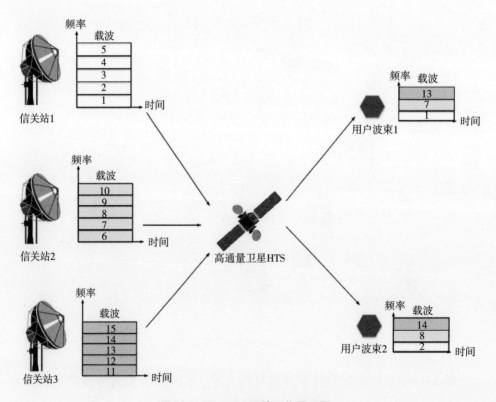

图6-2　N-active系统工作原理图

图6-2并未将所有信关站及信关站所有频带和极化方式画全。以3个信关站和2个用户波束为例进行说明。用户波束1接收到来自信关站1、2、3的部分频率子带下变频之后的载波，即图中序号1、7、13。用户波束2则接收相同频带范围内，不同的频率子带下变频之后的载波，即图中序号2、8、14。返向链路的原理与之类似，用户波束的载波被划分、重组、上变频后，发送至所有信关站。该方案中，信关站通过地面光纤网络相连，且连接到NOCC。当一个信关站经历大雨衰的情况下，流量会被转移到其他具有可用容量的信关站，继续为用户波束提供服务，由NOCC来统一管理信关站之间的流量转移。N-active（频分多路复用）系统体系架构图如图6-3所示。

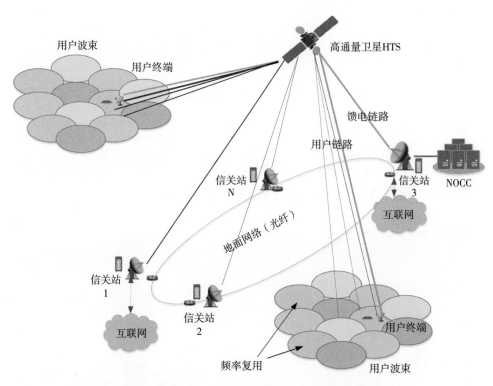

图6-3　N-active（频分多路复用）系统体系架构图

6.1.2　频率计划

N-active前向链路频率计划如图6-4所示；返向链路频率计划如图6-5所示。

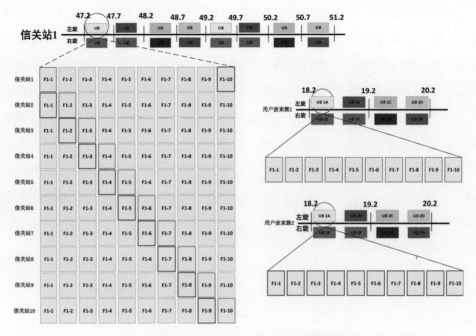

图6-4 N-active FDMA方案前向链路频率规划

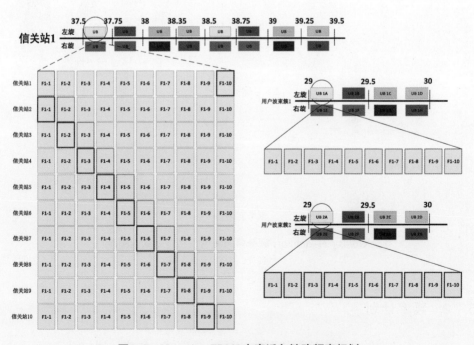

图6-5 N-active FDMA方案返向链路频率规划

6.1.3　可用度分析

对于N-active方案，用户波束处于中断的概率就是系统中所有信关站都中断的概率。因此：

$$P_{outage}=P（A_1 \geqslant A_{t1}，\cdots，A_N \geqslant A_{tN}）\tag{6.1}$$

当地面站距离足够远，则可认为各个信关站之间降雨事件彼此独立，上式可进一步化简为：

$$P_{outage}=P（A_1 \geqslant A_{t1}）\cdots P（A_N \geqslant A_{tN}）=p_1 \cdot \cdots \cdot p_N\tag{6.2}$$

那么系统可用度可以通过相乘的形式来计算。以位于上海的信关站为例，上海5%的时间降雨衰减超过12.64dB。若只采用ACM和AUPC技术，那么可以补偿的降雨衰减约为15dB，信关站年可用时间（可用度）约为95%。在此基础上，使用N-active频分多路复用技术，在N=4的条件下，系统的可用度为1-（5%）^{4}=99.99375%。

在信关站中断概率分别为7%、5%、3%的条件下，针对信关站数量N=2、4、10的情况，做出了系统可用度对比表，如表6-1所示。

表6-1　系统可用度对比表

信关站数量	信关站中断概率7%，系统可用度	信关站中断概率5%，系统可用度	信关站中断概率3%，系统可用度
$N=2$	99.51%	99.85%	99.91%
$N=4$	99.998%	99.999%	99.9999%
$N=10$	99.99999%（只保留7位有效数字）	99.99999%（只保留7位有效数字）	99.99999%（只保留7位有效数字）

由对比表可以看出，在信关站中断概率为3%的条件下，系统中信关站数量取为2即可满足可用度超过99.9%的要求。由对比表可以得出结论，在N-active架构下，只比较系统的可用度，不足以完全体现系统通信能力，因此还需要比较系统的通信容量。

6.1.4　系统容量分析

对于N-active来说，在降雨状态下，系统可以提供的容量更具有研究价值。当一个信关站中断时，用户波束可用的容量减少1/N[3,4]。

$$P\left(b < \frac{k}{N}\right) = \sum_{l=N-k+1}^{N}\binom{N}{l}p^l\left(1-p\right)^{N-l}$$

（6.3）

由上式可以看出，系统容量分布服从二项分布，可直接利用二项分布公式来计算系统可用容量分布函数。使用二项分布函数，利用Matlab进行仿真，结果如图6-6所示。

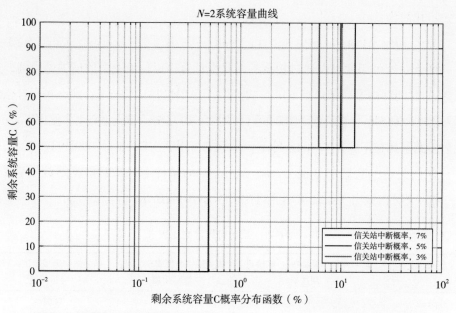

图6-6 假设信关站中断概率为7%、5%、3%，用户剩余容量概率分布曲线

由结果可以看出，对于2个信关站的情况，在信关站中断概率为7%的条件下，系统损失容量超过50%的概率为13.51%；在信关站中断概率为5%的条件下，系统损失容量超过50%的概率为9.75%；在信关站中断概率为3%的条件下，系统容量损失超过50%的概率为5.91%。详细数据可见表6-2。

表6-2 N=2方案系统容量损失表（%）

	损失容量0	损失容量50%	损失容量100%
信关站中断概率7%	86.94	13.02	0.49
信关站中断概率5%	90.25	9.5	0.25
信关站中断概率3%	94.09	5.82	0.09

为了仿真出更可靠的结果，我们还仿真分析了系统中信关站数量为$N=5$、10、20的情况。仿真结果见表6-3、表6-4和表6-5。在信关站中断概率分别为2%和5%。

表6-3　$N=20$方案系统容量损失表（%）

系统中信关站数量$N=20$	出现概率	出现概率
	信关站中断概率2%	信关站中断概率5%
剩余容量<100%	33.24	64.15
剩余容量<95%	5.99	26.41
剩余容量<90%	0.7069	7.548
剩余容量<85%	0.05977	1.59
剩余容量<80%	0.003859	0.2574

表6-4　$N=10$方案系统容量损失表（%）

系统中信关站数量$N=10$	出现概率	出现概率
	信关站中断概率2%	信关站中断概率5%
剩余容量<100%	18.29	40.13
剩余容量<90%	1.618	8.614
剩余容量<80%	0.0864	1.15
剩余容量<70%	0.00305	0.1028

表6-5　$N=5$方案系统容量损失表（%）

系统中信关站数量$N=5$	出现概率	出现概率
	信关站中断概率2%	信关站中断概率5%
剩余容量<100%	9.608	22.62
剩余容量<80%	3.842	2.259
剩余容量<60%	0.007762	1.158

针对表6-3、表6-4和表6-5展开如下分析：在单个信关站中断概率提高相同数值的情况下，比较分析系统容量损失概率变化与系统中信关站数量的关系。在$N=20$的条件下，单个信关站中断概率由2%提高至5%，系统容量小于100%的概率，由33.24%提高至64.15%，中断概率增加30.91%；在$N=10$的条件下，单个信关站中断概率由2%提高至5%，系统容量小于100%的概率，由18.29%提高

至40.13%，中断概率增加21.84%；在$N=5$的条件下，单个信关站中断概率由2%提高至5%，系统容量小于100%的概率由9.608%提高至22.62%，中断概率增加13.012%。

由此可得出结论，对于N-active方案，单个信关站中断概率，即使增加个位数，系统容量损失也会增加至少十位数，且系统容量损失的概率，随信关站个数增加呈上涨趋势。

针对$N=2$、5、10、20的信关站配置情况，在信关站中断概率为2%的条件下，使用Matlab软件，对系统容量进行了仿真，结果如图6-7所示。在信关站中断概率为2%的条件下，信关站数量$N=10$时，系统容量小于90%的概率为1.618%，系统容量小于80%的概率为0.08640%；信关站数量$N=20$时，系统容量小于90%的概率为0.7069%，系统容量小于80%的概率为0.003859%。

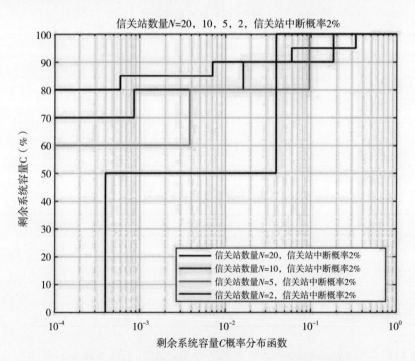

图6-7　信关站中断概率为2%条件下，用户容量分布曲线

由此可知，在信关站中断概率相同的情况下，增加信关站数量N，可以保证系统可用容量波动较小，增加10个信关站，可以使系统容量大于90%的可能性提高约1.52%。

6.1.5　载荷方案设计

　　N-active FDMA的系统架构，10个信关站，160个用户波束的系统，在V频段或者Ka频段通过微波网络实现时，单个用户波束500MHz带宽需要频分成10个子带，每个子带带宽50MHz，保护带5MHz，可用频率资源使用率下降。系统带宽在原波束与波束保护带基础上，又损失40MHz，相当于系统带宽损失6.4GHz。另外采用N-active频分多路复用，一个用户波束对应N个信关站，随着N的增加载荷系统复杂度不断增加，射频上实现频分方案，前向载荷通道数量会增加N倍，返向载荷通道数增加N倍。比如系统是160个用户波束，通道数量正常情况下是160个通道，采用N-active频分之后，前返向载荷通道数量均为$N \times 160$个。频率资源、重量资源均会严重浪费，星上也无法实现。

　　N-active FDMA的载荷方案设计以$N+P$类型载荷设计为基线，接收、变频、放大的功能不变，在LNA之后把V频段信号降低到低频段，通过DTP技术实现载荷方案，即在基带上实现信道交换。现有比较成熟的DTP技术能够实现24GHz带宽处理能力，N-active FDMA系统架构中有10个信关站，每个信关站12GHz的频率资源，因此5台信道化处理器可满足该架构下的系统需求。通过信道化处理器能够保证更小通道颗粒度、交换的灵活性也能充分实现，但其缺点是需要在基带进行信道交换，并且对数字器件的性能要求高。N-active FDMA方案载荷设计图如图6-8所示。

　　数字域实现N-active的代价是前向载荷接收的V频段信号下变频到基带，数字切换实现后再上变频到Ka频段。返向载荷接收的Ka频段信号下变频到基带，数字切换实现后再上变频到Q频段。因此卫星变频器数量翻倍、用于变频备份的开关数量翻倍，系统的变频杂波丰富。

6.2　N-active方案（时分多路复用）

6.2.1　系统体系架构

　　从体系架构上来看，时分多路复用与频分多路复用完全相同。架构可参看6.1.1节图6-3。两者区别在于实现原理不同。

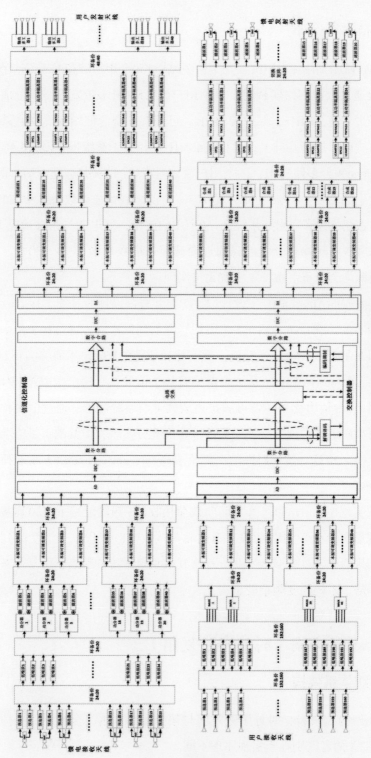

图6-8 N-active FDMA方案载荷简设计

时分多路复用的原理是通过时隙和时间帧的划分来实现多个信关站为同一个用户波束服务，如图6-9所示。图中以3个信关站为例展示模型工作原理，不同颜色的方格表示来自不同信关站的时隙。信关站1的时隙用白色表示；信关站2的用浅色表示；信关站3的用深色表示。方格中的数字表示去往的目的用户波束。通过卫星载荷的切换矩阵，实现对时隙的切换，从而保证一个信关站的信息可以发送至所有用户波束，一个用户波束可以接收到所有信关站发送的信息。在返向链路中，同样通过选择时隙的方式，实现任意波束可以向所有信关站发送信息。

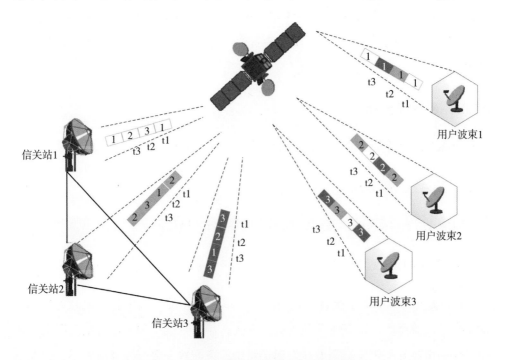

图6-9 时分多路复用智能信关站实现原理

N-active TDMA的实现原理是在每个信关站的可用帧中，留出空闲帧。当信关站中的一个，因降雨等原因处于中断状态时，由其余信关站，使用空闲帧继续为用户提供服务。这样既可以降低用户端的中断概率，提高可用度，又可以降低降雨衰减对系统通信容量的影响，但每个用户终端需要和信关站、卫星实时同步。

TDMA的星上机制与已经使用的星上切换时分多址（Satellite Switch TDMA，SS-TDMA）机制类似。

6.2.2 频率计划

N-active时分多路方案前向链路，频率规划如图6-10。10个信关站中，前2GHz频率资源（47.2～49.2GHz），分配给奇数用户蜂窝，包括1，3，5，7，…，19；后2GHz频率资源（49.2～51.2GHz），分配给偶数用户蜂窝，包括2，4，6，8，…，20。

N-active时分多路方案，返向链路频率规划，如图6-11所示。10个信关站中，较低部分1GHz频率资源（37.5～38.5GHz），分配给奇数用户蜂窝，包括1，3，5，7，…，19；较高部分1GHz频率资源（38.5～39.5GHz），分配给偶数用户蜂窝，包括2，4，6，8，…，20。

6.2.3 可用度分析

TDMA的可用度性能分析与FDMA相同，见6.1.3节。

6.2.4 系统容量分析

TDMA系统容量分析与FDMA相同，可参见6.1.4节。

6.2.5 载荷方案设计

N-active TDMA的系统构架在空间段可以通过相控阵技术和微波开关矩阵技术实现。微波开关矩阵基本单元为电子开关，小信号端实现不同通信时间上的切换。使用微波开关矩阵，需要在发射端每个波束配置一台行波管放大器，因此系统为用户下行配置160台LCTWTA，加上环备份的数量可达180台的配置总数。这样的载荷配置规模庞大，平台资源供电、重量、布局、测控等资源需求巨大，并且费用昂贵，因此不建议采用微波矩阵的方案。

N-active TDMA系统构架，选用相控阵技术实现是比较好的技术路径。方案设计时，仍然以$N+P$模型的载荷设计为基线，用户发射端和接收端设备的功能通过相控阵天线实现。时分通信时160个0.6度点波束覆盖的区域，相控阵天线设计时得规划约1000个波位才能够达到相当的EIRP、G/T参数和覆盖区。相控阵天线设计同时工作的10个捷变波束，每个波束均可以在覆盖范围内任意跳变。发射相

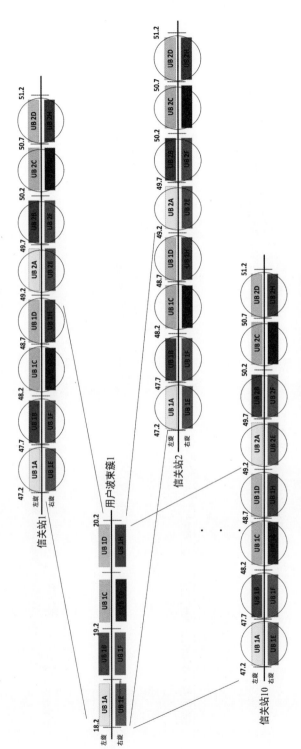

图6-10 N-active时分多路方案前向链路频率规划

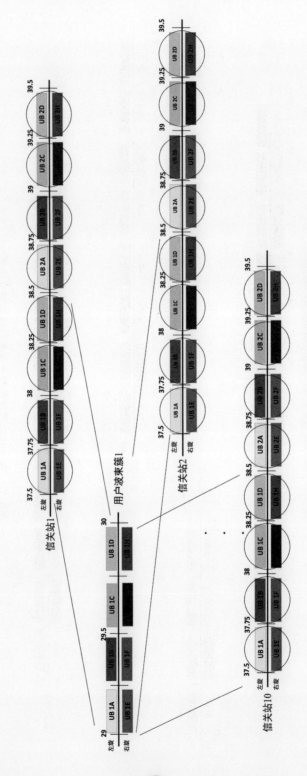

图6-11 N-active时分多路方案返向链路频率规划

控阵天线的工作过程为转发器给出的激励信号经过预放后进入功分网络分为多路，每一路通过延迟放大组件进行宽带色散补偿，色散补偿后的信号再经过功分网络进入发射组件，发射组件根据波束指向角、旁瓣电平等要求对信号的幅度、相位进行调整，幅相调整后的信号经过功率放大器（PA）放大后，再通过天线辐射单元辐射到空间，形成所需形状的方向图。前向一个阵面可以放置4个波束，因此需要配置3副相控阵面前向载荷方案如图6-12所示。

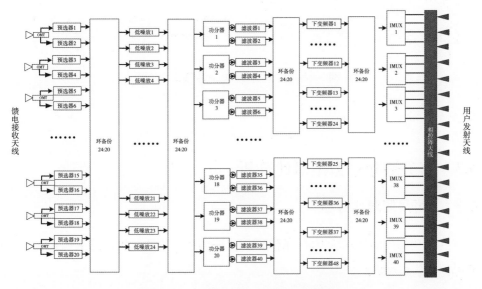

图6-12　N-active TDMA前向载荷方案

返向载荷用户接收天线同样采用相控阵天线，通过在覆盖区中波束的扫描实现分时通信的分配。接收多波束相控阵天线的工作过程为发射多波束相控阵天线的逆过程。天线各单元接收到的信号首先经过低噪声放大器放大，放大后的信号经过功分器分为多路，每一路信号独立地进行幅相调整，之后对应波束的信号经过功合网络进行合成，合成后的信号同样经过延迟放大组件进行宽带色散补偿。色散补偿后的信号再经过功合网络进行合成并放大后输出到接收机。返向载荷通信时，同样需要1000个波位实现覆盖区的覆盖，接收天线每个阵面可以放置8个波束同时工作，因此需要配置2副相控阵天线返向载荷方案如图6-13所示。

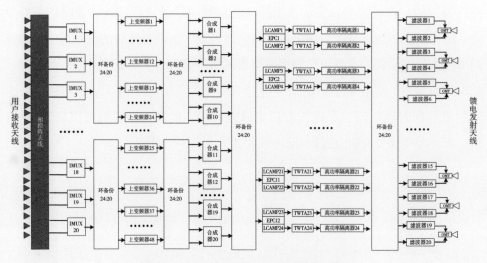

图6-13　N-active TDMA返向载荷方案

6.3　信关站分集方案对比分析

6.3.1　可用度对比分析

在信关站中断概率为3%的条件下，使用10个信关站，用户波束为160个。仿真结果如表6-6所示。

表6-6　多种方案可用度对比表

方案	N-active（时分） N=10	N-active（频分） N=10	N+P方案 N=10, P=2
可用度 （信关站中断概率 3%）	99.99999%（只保留7位有效数字）	99.99999%（只保留7位有效数字）	99.95%

使用N-active方案，在理想条件下，系统可以达到99.9999%的可用度，在三种方案中为最高值。使用N+P方案，系统可以达到99.95%可用度，在三种方案中最低。

6.3.2 载荷方案对比分析

三种信关站分集方案载荷设计结果对比如表6-7所示。

表6-7 载荷方案设计对比表

方案	波束数量	关键载荷配置	载荷设备数量（台/套）	载荷重量（kg）	载荷功耗（W）	载荷热耗（W）	载荷成本
N-active方案（频分复用）	用户波束160个；馈电波束10个	5个DTP	2078	1447	19481	13077	最高
N-active方案（时分复用）	1000个波位，10个波束馈电波束10个	前向3个相控阵天线，返向2个相控阵天线	740	1245	19500	16856	高
N+P方案	用户波束160个；馈电波束12个	经典载荷配置40-160W-TWTA	1070	1040	13925	7520	低

6.3.3 系统方案对比分析

三种信关站分集方案系统性能对比如表6-8。

6.3.3.1 *N+P*方案

优势：星上使用经典载荷方案，星上实现简单。用户终端方面，用户终端与经典用户终端方案相同不需要额外设计，实现简单。

劣势：

①地面系统之间通过地面光纤网络连接，需要增加地面信关站数量，主用信关站*N*值越大，需要的备用信关站*P*值越大。

②切换频率过于频繁。通过前文仿真，每个信关站可用度在97%或98%的情况下需要切换至备站，97%或98%对应的中断时间分别为262.98h/a、175.32h/a。

③每次切换重新上线时间长，用户体验差。在*N+P*方案中，当主站因降雨处于中断状态时，便会触发切换流程。在主站上的用户流量便会通过备站来传输，与主站相连的用户会经历先下线再上线的过程。根据已有Ka的系统上下线过程来看，一台用户设备的上下线时间大约在几十毫秒，成千上万台设备同时上下线

表6-8　方案系统性能对比表

研究内容	卫星有效载荷复杂性	复杂度评估	地面系统复杂性	复杂度评估	用户终端复杂性	复杂度评估	切换对用户的影响	影响度评估
N-active方案（频分复用）	星上载荷采用DTP	★★★★	信关站之间通过地面光纤网互相连接，连接的速率在Gbit/s量级	★★★	用户终端需要同时锁定N个信关站载波，需要增加多个解调芯片	★★★★	若有信关站被迫中断，数据可以路由到其他信关站，继续提供服务。服务不会中断，但速率会下降1/N	★
N-active方案（时分复用）	星上使用了相控阵天线	★★★	除了信关站之间需要互联外，卫星、信关站和用户终端三者需要保持严格时间同步；现有的通信体制无法直接应用，需要适应性修改	★★★★★	用户终端具备从不同信关站接收来自不同信关站信号的能力	★★★★	服务不会中断，但速率会下降1/N	★★★★
N+P方案	经典载荷方案	★	信关站之间通过地面光纤网互连，连接的速率在百Mbit/s量级	★	用户终端可使用目前技术成熟用户终端，不需要做出改变设计	★	信关站经历严重雨衰被迫中断时，需要通过切换至备用站，用户终端会经历几分钟的业务中断	★★★★
对比结论	N+P方案，卫星载荷、信关站及用户终端实现最为简单，但信关站切换会带来用户终端业务中断 N-active方案，用户终端体验最好，但大大增加了卫星载荷和用户终端复杂度							

带来的延时可能会达到几分钟。

6.3.3.2 N-active（FDMA）方案

优势：优点在于可用度非常高，降雨只会带来容量下降，基本不会出现信号中断的情况；地面信关站不需要增加备站，成本低。

劣势：

①星上设备复杂。N-active频分多路使用星上DTP方案，会使得星上设备更加复杂。信号需要在基带进行信道切换，对数字器件的性能要求高。前向载荷接收的V频段信号下变频到基带，数字切换实现后再上变频到Ka频段。因此卫星变频器数量翻倍、用于变频备份的开关数量翻倍，系统的变频杂波丰富。

②频率资源利用效率低。N-active频分多路复用方案，随着信关站数量增加，用户频带上划分出的信道数也随之增加，信道之间保护带宽的数量也随之增加，这将导致更多的频率用来作为用户保护带而不是传输数据。在一定程度上导致用户频谱利用率降低。

③用户终端复杂度高，成本高。用户终端需要同时锁定N个信关站载波，以目前可行方案来看，需要增加多个解调芯片，设计复杂，成本高。

6.3.3.3 N-active（TDMA）方案

优势：优点在于可用度非常高，降雨只会带来容量下降，基本不会出现信号中断的情况；地面信关站不需要增加备站，成本低。

劣势：

①星上设备复杂。选用相控阵技术，用户发射端和接收端设备的功能通过相控阵天线实现。相控阵天线设计同时工作的10个捷变波束，每个波束均可以在覆盖范围内任意跳变。前向3个相控阵天线，返向2个相控阵天线。

②卫星、信关站和用户终端三者需要保持严格时间同步。每个用户终端分时接收来自不同信关站的信号。卫星上相控阵天线设计同时工作的10个捷变波束，每个波束均可以在覆盖范围内任意跳变，因此需要单独设计星地时间同步系统。

③现有的通信体制无法直接应用，需要适应性修改。现有的高通量卫星通信系统的通信体制DVB-S2X/DVB-RCS2，多址方式：前向TDM，返向MF-TDMA。N-active（TDMA）方案多址方式前返向均需要采用TDMA，现有信关站基带和用户终端均需要适应性修改，投资大，周期长。

参考文献

[1] Skinnemoen H, Gateway diversity in Ka–Band systems[C]// KaBand Broadband Communication, Navigation, Earth Observation Conference. IEEE, 1998: 1–8.

[2] Jeannin N, Castanet L, Radzik J, et al. Smart gateways for terabit/s satellite[J]. International Journal of Satellite Communications and Networking, 2014, 32 (2): 93–106.

[3] Kyrgiazos A, Evans B, Thompson P, et al. Gateway diversity scheme for a future broadband satellite system[C]// Advanced Satellite Multimedia Systems Conference. IEEE, 2012: 363–370.

[4] Kyrgiazos A, Evans B G, Thompson P. On the Gateway Diversity for High Throughput Broadband Satellite Systems[J]. IEEE Transactions onWireless Communications, 2014, 13 (10): 5411–5426.

7 高通量卫星通信高效传输新技术

高通量卫星通信系统在发展初期通信体制普遍采用DVB-S2/RCS协议，但是随着通信传输技术的发展，通信协议就需要与时俱进，进行升级，在更高频谱效率、更大接入速率、更好移动性能、更强健的服务能力提供、更小成本这五方面取得新的突破。新一代通信标准协议DVB-S2X/RCS2应运而生。

7.1 DVB-S2X/RCS2提出的背景

2005年，DVB第二代数字卫星电视广播标准DVB-S2标准发布。目前已成为全球应用最广泛的下一代卫星电视广播标准。2005—2020年，数字卫星电视广播行业发生了很大变化。

7.1.1 需求变化

（1）UHD（Ultra-High Definition）TV 的卫星直播到户。

（2）基于电视广播卫星的高速 IP 数据接入。

（3）提供基于电视广播卫星的多业务、全业务服务以增加收入。

（4）在 VSAT 应用市场中增加用户数量以获得更多收益，同时以更高的服务等级协议来大幅提高用户体验。

7.1.2 外部竞争形势的变化

（1）外部竞争主要是来自地面的有线数据网络的发展，信息传输速率大大提高，使得越来越多的人认为地面的高速有线数据网络迟早会取代卫星通信。

（2）一些诸如NS3的非标准化的专有技术在频谱效率上较大程度地（30%~60%）超过了DVB-S2。

在上述背景下，2012年由Newtec牵头，DVB卫星电视行业运营商、设备制造商、卫星专家等成员单位及成员（主要分布于欧洲、美国、远东地区）开始着手研究下一代DVB标准。具体工作由DVB的TM-S2（DVB-S2技术组）及CM-BSS（卫星电视广播及宽带业务商务组）开展，目标是在DVB-S2的基础上较大幅度地提高频谱效率，并增加诸如可联网的无人驾驶智能汽车等应用场景及发展Ka/Q/V/频段卫星、宽带转发器等新的高容量卫星技术。

2014年2月27日，在DVB指导委员会第76次大会上，DVB-S2X标准被正式批准。2014年3月4日，欧洲DVB组织正式发布DVB-S2X技术规范。DVB-S2X被业界称为DVB-S3（DVB第三代数字卫星电视广播标准）。采用DVB-S2X后，卫星直播到户业务的频谱效率可提高20%~30%，某些专业应用的频谱效率甚至可提高51%，超过了NS3等专有技术。

2012年1月，欧洲电信标准化组织（ESTI）陆续发布了第二代DVB交互卫星系统DVB-RCS2系列标准，其拥有终端配置灵活、高速高效、支持交互式应用等特点，且与第一代DVB-RCS系统兼容，可支持终端平滑升级到第二代。

7.2 DVB-S2X新特性

DVB-S2X的新特性包括更小的滚降系数、更小的MODCOD粒度、甚低信噪比（VL-SNR）模式的移动接收应用等，下面分别进行介绍。

7.2.1 更细化的模式设置

在DVB-S2系统中，传输头的第2个字节表示系统的自适应编码调制命令（ACM Command），该字节的第7个比特为0时表示系统为DVB-S2模式，此时其他比特称为MODCOD，定义了系统的LDPC码长，是否存在导频以及调制方式和前向纠错码码率等信息。当该命令的第7比特为1时，表示当前系统为DVB-S2X模式。此时ACM字节可以表示更为丰富的调制方式和纠错码码率。由于这些新模式的引入，DVB-S2X可以获得更细化的模式设置以适应不同的应用需求。

7.2.2 更小的滚降系数

滚降系数是信号占用带宽及频谱利用率的决定因素之一。DVB-S2系统所采用的滚降系数分别有0.35、0.25、0.20[1]，而DVB-S2X系统所采用的滚降系数分别降为0.15、0.10、0.05[2]，从如图7-1所示的频谱看来，DVB-S2X信号要比DVB-S2信号陡峭。由于DVB-S2X的滚降系数更小，加之DVB-S2X还采用了高级滤波技术滤除频谱左右两边的旁瓣，使得DVB-S2X系统的频谱效率相对于DVB-S2系统的提高幅度可达15%。

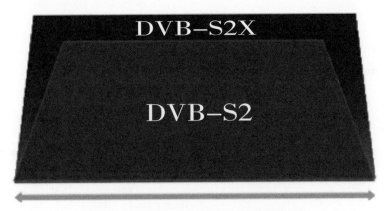

图7-1　DVB-S2X与DVB-S2频谱的比较

7.2.3 更小的MODCOD粒度

卫星通信是通过非线性信道进行的，所以常采用包络恒定的PSK（Phase Shift Keying，相移键控）调制方式。另外，PSK也可以方便地实现变速率调制。DVB-S2就采用了QPSK、8PSK、16APSK、32APSK这4种PSK调制方式。而DVB-S2X则采用了更高阶数的PSK调制——最高可达256APSK。因此，DVB-S2X比DVB-S2更容易对卫星转发器的非线性进行补偿、频谱利用率更高。DVB-S2X相比于DVB-S2，FEC（Forward Error Correction，前向纠错）也有较大改进，如表7-1所示。

表7-1　DVB-S2和DVB-S2X标准MODCOD比较

标准	调制与编码 （MODCOD）FEC帧	MODCOD种类
DVB-S2	FEC常规帧和短帧 （9/10仅有短帧）	QPSK 1/4，1/3，2/5，1/2，3/5，2/3，3/4，4/5，5/6， 8/9，9/10 8PSK 3/5，2/3，3/4，5/6，8/9，9/10 16APSK 2/3，3/4，4/5，5/6，8/9，9/10 32APSK 3/4，4/5，5/6，8/9，9/10
DVB-S2X	FEC常规帧	QSPK 13/45，9/20，11/20 8PSK 23/36，25/36，13/18 16APSK 26/45，3/5，28/45，23/36，25/36，13/18， 7/9，77/90 32APSK 32/45，11/15，7/9 64APSK 11/15，7/9，4/5，5/6 128APSK 3/4，7/9 256APSK 32/45，3/4
	FEC短帧	QPSK 11/45，4/15，14/45，7/15，8/15，32/45 8PSK 7/15，8/15，26/45，32/45 16APSK 7/15，8/15，26/45，3/5，32/45 32APSK 2/3，32/45
	FEC常规帧 （线性ModCods）	8PSK 5/9-L，26/45-L 16APSK 1/2-L，8/15-L，5/9-L，3/5-L，2/3-L 32APSK 25/36-L 64APSK 32/45-L 256APSK 29/45，2/3，31/45，11/15

DVB-S2的MODCOD（modulation and coding，调制与编码）分辨力粒度为28，而DVB-S2X的MODCOD分辨力粒度为112，从而，DVB-S2X可实现所有应用场景下的最佳调制，卫星电视广播/卫星通信运营商就可以更好地根据应用/服务的类型来优化卫星链路（MODCOD由系统自动地选择）。

由于可以采用更高阶的调制方式，加之采用了更小粒度的MODCOD与FEC，DVB-S2X相比于DVB-S2的频谱效率提高了51%，更接近香农极限，如图7-2所示。

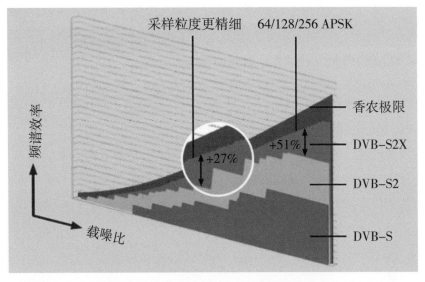

图7-2　DVB-S2和DVB-S2X频谱效率对比

7.2.4　线性MODCOD与非线性MODCOD

DVB-S2的MODCOD仅聚焦于卫星直播到户，所以其星座就很适合于准饱和转发器的分发应用。而与之不同的是，DVB-S2X技术规范里面则分为线性MODCOD与非线性MODCOD，聚焦于高速数据应用及分发应用，增益可提高0.2dB。另外，虽然线性MODCOD与非线性MODCOD可能会使用相同的代码/名称，但两者之间却是不可互换的。

7.2.5　面向移动应用的甚低信噪比（VL-SNR）信号接收

DVB-S2X的一个应用场景是陆地、海洋、航空里的低速及高速移动环境。为保证在这些环境中以更小的接收天线来更稳定地使用DVB-S2X链路所提供的服务，DVB-S2X采用了VL-SNR（Very Low Signal-to- Noise Ratio）技术，在BPSK与QPSK调制中增加了9个额外的MODCOD。其中BPSK的MODCOD采用了频谱扩展技术，信号的功率/频谱被扩展到很宽的频带，频谱密度得以降低，抗外部干扰能力得以提高，陆地、海洋、航空的低速及高速移动接收器可使用更小的接收天线并获得更高的信噪比。

VLSNR MODCOD帧加入了一个扩展的物理层首部，提高了纠错能力，可把SNR数值降低至-10dB。

7.2.6　宽带转发器（WBT）单载波应用

卫星通信传统的处理方式是把一个宽带转发器的带宽划分成多个小信道，并用相应数量的多个载波去调制，这种方式便于更灵活的网络应用配置，但其容易降低转发器的下行功率，从而不能获得最优的效率，影响系统容量。

DVB-S2X技术规范支持采用WBT（Wide Band Transponders，宽带转发器）单载波技术，如图7-3所示。WBT单载波技术可减小转发器的功率回退从而最大限度地利用好整个转发器的容量，目前已开始用于卫星的高速数据链路。DVB-S2X里的WBT的带宽一般为从54MHz（典型的Ku波段转发器带宽值）到几百MHz（Ka/Q/V波段高容量卫星的转发器带宽值，带宽为250~500MHz）。DVB-S2X接收机里的解调器直接接收解调整个转发器宽度（54MHz、250~500MHz）内的信号，从而获得非常高的数据率。

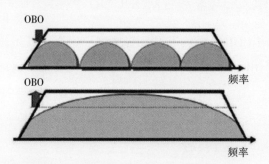

图7-3　WBT多载波与WBT单载波的比较

7.2.7　信道绑定/转发器绑定

目前，卫星电视直播到户业务发展得如火如荼，下一个相关的蓝海业务是超高清电视的卫星直播到户。然而，当采用相同信源编码方式（如H.264/MPEG-AVC）时，超高清卫星直播电视的码率（40Mbit/s）是高清卫星直播电视码率（10Mbit/s）的4倍，即使采用更先进的编码方式H.265/MPEG-HEVC，超高清卫星直播电视的码率也高达20Mbit/s。

一个36MHz宽度的卫星转发器的总容量为60Mbit/s，因此：①可同时传输

6套由H.264/MPEG-AVC编码的高清电视节目（60Mbit/s ÷ 10Mbit/（s·套）=6套），如果采用统计复用方式，可获得20%的容量增益，从而可同时传输7套由H.264/MPEG-AVC编码的高清电视节目（60Mbit/s × 1.2 ÷ 10Mbit/（s·套）≈7套）；②仅可同时传输3套由H.265/MPEG-HEVC编码的超高清电视节目（60Mbit/s ÷ 20Mbit/s/套=3套），如果采用统计复用方式，只可获得12%的容量增益，但仍只能同时传输3套由H.265/MPEG-HEVC编码的超高清电视节目（60Mbit/s × 1.12 ÷ 20Mbit/（s·套）≈3套），而且还白白浪费了12%的带宽容量。

为此，DVB-S2X技术规范采用了信道绑定技术来提高统计复用的频谱利用效率，而且主要的应用目的是提高超高清卫星电视直播的信道容量/频谱利用率。又由于DVB-S2X采用了上文所述的WBT单载波技术，所以，这种信道绑定又可以被称为"转发器绑定"。此时，几个被绑定的转发器的容量全部融合在了一起，并被同时下行与接收。可以计算一下：如果绑定了3个转发器且进行统计复用，则其容量增益可达（180+60 × 0.12 × 3）/180=12%，从而就可以额外地多传输（180 × 0.12）/20≈1套超高清电视节目。

DVB-S2X所能绑定的转发器可达到3个。

7.2.8 重新定义的扰码序列

目前，卫星电视直播到户的业务类型越来越多（电视直播、多媒体业务、数据接入等），加之点波束高容量卫星逐渐开始应用到这个市场，CCI（Co–Channel Interference，同信道干扰）现象变得越来越显著。为此，DVB-S2X技术规范采用了相关的技术来更好地区分各相邻业务，从而消除CCI。

该技术之所以能区分各业务、消除CCI，是由于DVB-S2X在物理层新增了扰码序列。DVB-S2的物理层仅有一个缺省代码——0#扰码序列，而DVB-S2X则新定义了6个代码，当DVB-S2X接收机接收到加扰的信号后，会先使用缺省代码，然后再使用新定义的代码来对信号进行解扰操作。

7.3 DVB-RCS2新特性

DVB-RCS2相比DVB-RCS有很大程度的扩展，尤其是RCS2包含了管理和控制平面的强制性规定[3]。为了强调效率，DVB-RCS2对涵盖两版本的某些强制性规定引入了很多非后向兼容的改变，主要包括封装、调制解调、回传链路编码以及前向链路信令箱（carriage）等。这些变化的引入是考虑到从第一版到第二版的平滑演进，以使操作上的影响最小。该演进应该是在一个相当长的时期内完成，尤其是对于已布置老版本的小站，不用升级到版本 2。运营商可以让两个版本终端同网运行，并高效共享资源，直至老版本终端报废，这在最大程度上保护了现有投资利益。

7.3.1　DVB-RCS2的低层协议新特性

DVB-RCS2的低层协议指二层以下（含二层），与前期本版的描述范围相同，但内容上有很大变动[4]，主要包括：

（1）除 QPSK，还增加了 CPM、8PSK、16QAM 调制方式。

（2）QPSK、8PSK、16QAM 采用的 FEC 是 16 态 turbo 码，通常称为 Turbo-phi；CPM 采用的 FEC 是卷积编码。

（3）规定了一组规范的参考波形，以支持互操作性，波形特性可配置，以适应不同的应用。

（4）参考波形的 MF-TDMA 突发帧结构因工作点不同而不同，通过平衡使用前同步码、后同步码以及导频，使得解码器同步灵敏度门限与负荷解码灵敏度门限一致。

（5）前向链路的包封装采用通用流封装 GSE，并强调了完整性控制，以遵从 IETF BCP89 中的因特网子网连接建议，支持基于 TS 流的可选封装。

（6）回传链路包封装是 GSE 的一个改编版本，其 IP 包会被及时分割，以精确地适配进不同大小的传输帧负荷中可获得的大小变化的剩余空闲空间，而不是用一个中等固定大小的流层，如 ATM 和 MPEG TS。

（7）通用化的链路传输规范，可以适用于多种协议，不仅仅是 IP。这一点既适用于前向链路，也适用于回传链路。不过，支持 IP 以外的协议要考虑与具体实现有关的事宜。

（8）支持随机用户业务接入。

（9）简化了回传链路的帧结构。

（10）可以通过选择适当大小的突发帧，适配不同大小的负载。突发帧是一组单位时隙，并且可以通过聚集单位时隙形成承载大突发帧的大时隙。这些聚集是及时进行的。

（11）每个时隙中采用的调制方式和编码方式可以独立选择，即允许每个时隙 ACM，以实现更多的粒度和更多灵活的链路适配，且时隙适配是及时进行的。

（12）包含功率余量报告，功率控制系统针对不同带宽下的载波恒定功率谱密度，支持一种可选的控制模式，并作为一种控制 EIRP 的可选手段。

在前向链路上，DVB-RCS2 仅用 GSE 通用流封装协议，而 DVB-RCS 采用一个或多个 TS 传输流传送业务和信令。由于 DVB-S2 兼容这两种封装协议，对于前向采用 DVB-S2/ACM 的 RCS 系统可以和 RCS2 合在同一个波上。但对于前向采用DVB-S2/CCM的RCS系统则要开在两个不同载波上。目前国内已有的RCS系统均是后一种情况。

在回传链路上，RCS2 延续了 RCS 的 MF-TDMA基本特征，引入的主要不兼容变化有封装（固定载荷 ATM/MPEG 改为可变载荷 RLE）、FEC（8 态turbo码改为16态）、突发帧成帧（仅采用报头改为分布式导频）、调制方式（扩展到8PSK 和 16QAM）以及动态操作（时隙参数的快速变化）。考虑到演进，将载波分组以分别适应两种版本的终端，尽管这种划分是准静态的，在系统总容量上会有些损失，不过由于第二版具有更好的功率/带宽效率，将起到一定补偿作用。值得注意的是，RCS2 支持随机用户业务接入，这为突发小数据提供了灵活的接入方式。

7.3.2　DVB-RCS2的高层协议新特性

RCS2 的高层协议是指链路层以上的协议层，这一部分内容是前期版本所没有的，提出的协议功能要求适用于透明星状网，它涉及用户终端将远端的LAN通过卫星链路连接其他网络，如Internet等。这部分内容对于用户平面和控制平面是规范性的，对于管理平面是情报性的，今后也会变成规范性的。图7-4展示了一个简化模型，列出了高层部件以及所在的平面，可以分为用户平面（U-plane）、控制平面（C-plane）、管理平面（M-plane）[5]。

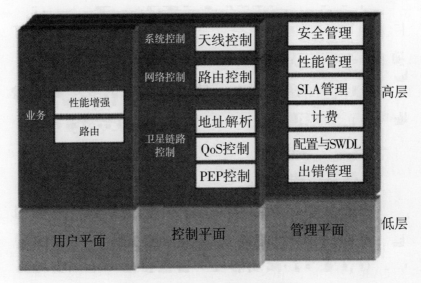

图7-4　DVB-RCS2高层功能模块

　　用户平面包括性能增强及路由模块，例如：TCP加速、VLAN 等功能模块；控制平面即是通常意义上的网控中心（NCC），是通过 L2S（Lower Layer Signaling，低层信令）提供控制信令的核心单元；管理平面即是通常意义上的NMS网管系统，是通过IPV4支持管理信令的核心单元，包括告警、配置、计费、性能、安全等。

7.4　DVB-S2X/RCS2波形实现的关键技术

　　甚高通量卫星（VHTS）的转发器带宽将达到数百兆赫兹甚至更高，传统卫星通信和早期的高通量卫星采用DVB-S2/RCS波形，利用小载波组建VSAT网的方式存在较大的功率回退损失，无法实现转发器的充分利用，同时传统卫星通信系统一般还采用低阶调制编码方式，且调制编码方式粒度较粗，卫星资源利用率不高。甚高通量卫星使用DVB-S2X/RCS2波形，该波形在实现时需突破低滚降高级滤波、高阶调制、细粒度编码调制、预失真等多项技术[6]，从而充分发掘高通量卫星容量和功率利用效率，满足未来高通量系统扁平化组网，高速宽带接入的应用需求。

7.4.1　高效频谱优化利用技术

7.4.1.1　低滚降高级滤波技术

滚降系数是信号占用带宽及频谱利用率的决定因素之一。采用低滚降系数可以有效提高频谱利用效率，从而提升通信速率。从图7-5可以看出，滚降系数为0.05的信号要比滚降系数为0.35的信号陡峭得多，频谱利用率提升28.6%。

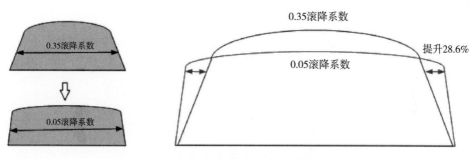

图7-5　低滚降系数成型示意图

当滚降系数减小时，接收信噪比会有略微的提高，但对于高通量这种带宽受限系统来说，通过略微提高接收信噪比的方式获得更高的符号传输速率是值得的，比如说对于滚降系数由0.2改为0.05，符号率提高了15%，接收信噪比会增加0.6dB，综合来看净增益约为7.5%，实际系统中，在信号功率、信道条件较好的情况下，系统能获得更高的增益。

基带成型滤波器选用根升余弦滤波器，滚降系数除了支持常规的0.35、0.25、0.20三种选择之外，同时支持波形更加尖锐的0.15、0.10、0.05的成型滤波。

（1）成型滤波器设计

为实现低滚降系数成型，可采用基于多速率分布式算法的根升余弦（root raised cosine，RRC）滤波器[7]，在数字域一般采用FIR滤波器实现，典型滤波器采用横向结构，如图7-6所示。

假设$x(n)$为n时刻输入数据，$h(n)$（$n=1, 2, \cdots, N$）为RRC滤波器的抽头系数，则滤波器的输出$y(n)$可由下式计算：

$$y(n) = \sum_{m=1}^{N} h(m)x(n-m) \tag{7.1}$$

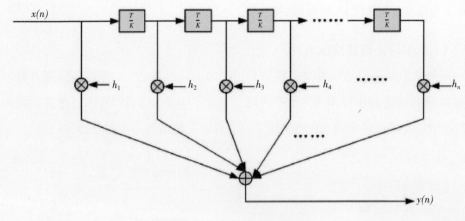

图7-6　PRC滤波器结构图

由于FIR滤波只是成型滤波器冲击响应的近似实现，当采样倍数、滤波器阶数不变，滚降因子降低时，滤波器由于截断引起的误差变大，造成性能降级。FIR滤波器截断引起的性能降级，具体结果如图7-7所示。

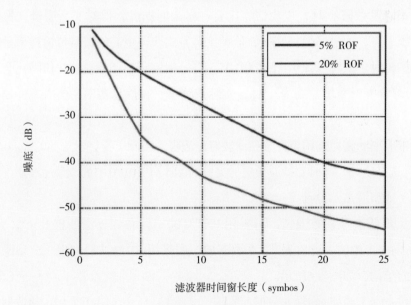

图7-7　成型滤波器时间窗长度对噪底的影响

通过图7-7可知，假设滤波器噪底要求为40dB，若滚降系数为0.2，则时间窗长度可选为8，若滚降系数为0.05，则时间窗长度可选为20。只需按照滤波器性能设计要求选取时间窗、采样倍数，滤波器阶数等参数，即可完成RRC滤波器设计。低滚降系数成型滤波虽然增加了调制解调器的复杂性，但相比带来的性能增益，其代价是值得的，尤其随着FPGA、DSP等芯片性能的提高，采用低滚降系数是一种性价比较高的选择。

（2）定时同步

低滚降系数成型带来的另一个问题是定时误差恢复，Gardner算法是定时同步中最常用的算法。Gardner符号定时同步环路主要由Gardner定时误差检测、环路滤波器、数控振荡器NCO和内插滤波器组成，如图7-8所示。数控振荡器根据Gardner定时误差检测出的时钟相位误差，获得内插滤波器的控制量，经过时钟同步后产生插值信号。

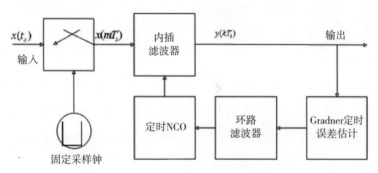

图7-8 Gardner定时同步算法

图7-9和图7-10分别给出了Gardner算法的定时误差检测曲线与灵敏度曲线。从图中可以看出，定时误差的灵敏度与滚降系数呈线性关系，随着滚降系数（ROF）变小，灵敏度下降。

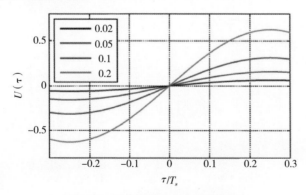

图7-9 Gardner定时误差检测曲线

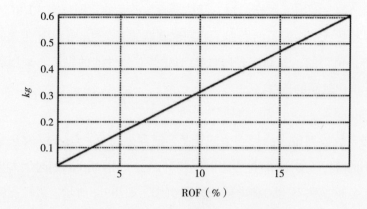

图7-10　Gardner定时误差灵敏度曲线

为实现低滚降成型接收，接收机定时同步环节中，环路滤波器需要进行优化设计，调整滤波系数，提高收敛速度，同时保证定时误差满足数据接收要求。

7.4.1.2　高级滤波技术

高级滤波技术的主要目的是滤除信号旁瓣，减少载波间隔，适用于同一个转发器中存在多个载波的情况。在一个信号频谱的左右两边存在旁瓣，若滤波做得越好，则旁瓣所占的频谱宽度就越小，各个载波之间的频谱间隔就可以越小而且不会相互间产生干扰，从而可提高频谱利用率。

如图7-11所示，采用高级滤波技术，频谱左右两边的旁瓣滤除，各相邻载波的间隔可以小到符号率的1.05倍（滚降系数为0.05）。

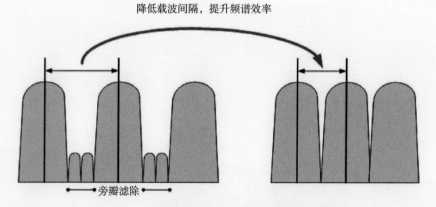

图7-11　采用高级滤波技术后载波间隔优化结果

另外，即使系统的滚降系数为0.35、0.25、0.20，采用高级滤波技术也能获得更好的滤波效果。星地试验表明，当卫星地球站的高功率放大器在接近饱和点处工作时，采用高级滤波技术的滤波效果更好，所余旁瓣更小[6]。

7.4.1.3　灵活的网络应用配置

综合采用更陡频谱滚降与高级滤波技术可使其支持更灵活的卫星网络应用配置。总的来说，卫星链路应用场景包括单载波（此时仅采用更陡频谱滚降）、多载波（此时同时采用更陡频谱滚降与高级滤波技术）、与其他卫星通信系统波形（可能采用DVB-S、DVB-S2、DVB-S2X等标准）共用同一个转发器（此时采用更陡频谱滚降与高级滤波技术）。在最后一种应用场景中，如图7-12所示，由于项目采用了更陡频谱滚降与高级滤波技术，与在同一转发器内的其他相邻载波能以频分的形式共存而不会产生相互干扰。

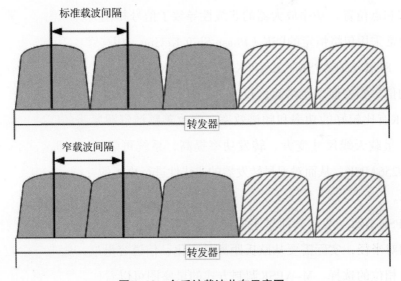

图7-12　多系统载波共存示意图

7.4.2　细颗粒度自适应编码调制技术

7.4.2.1　BCH和LDPC级联的FEC编码技术

在编码调制方面，系统采用前向纠错编码（FEC）技术，实现外编码（BCH）、内编码（LDPC）和比特交织的功能。

如图7-13所示，基带帧经BCH编码后增加了BCH校验检验位，再经LDPC编

图7-13　前向纠错帧结构

码后又增加了LDPC校验检验位。

系统将采用多种帧长和码率LDPC编码，码长包括16200bit/s、32400bit/s和64800bit/s。

7.4.2.2　高阶调制技术

卫星前向广播信道属于典型的非线性信道，调制信号往往工作在功率放大器的饱和点位置，功率放大器的非线性导致了信号相位失真和幅度失真。卫星通信通常采用包络恒定的PSK（Phase Shift Keying，相移键控）调制方式，例如QPSK、8PSK、16APSK、32APSK等。对APSK这种调制方式而言，具有比QAM更少的信号幅度值，包络起伏较小，有利于抵抗功率放大器的非线性失真，同时APSK有比较好的功率和频谱效率，能改善频谱资源紧张的问题。随着高通量卫星星载天线尺寸变大、转发功率提高，系统可采用更高阶数的调制方式64/128/256APSK，从而对卫星转发器的非线性进行更好的补偿，实现更高的频谱利用率。

APSK不像一般的其他星座那样固定不变，而是针对不同的频谱效率有不同的相对半径，实际需要从欧氏距离最小化、信道容量最大化来考虑相对半径与相对相位的选择。M-APSK调制方式的星座图可以看成是多个同心圆共同组成，在每个同心圆上均分布着多个PSK信号点，这些信号点构成的信号集可以表示：

$$C_k = R_k \exp\left[j \times \left(\frac{2\pi}{n_k} i_k + \theta_k \right) \right] \tag{7.2}$$

式中，R_k为第k个同心圆的半径，（$2\pi i_k/n_k + \theta_k$）为星座图中信号的相位，n_k为第k个同心圆上的信号点数，θ_k为第k个同心圆上的信号的初始相位，i_k为第k个同心圆上的一个信号点。

7.4.2.3 面向移动应用的扩频技术

高通量的一个应用场景是陆地、海洋、航空里的低速及高速移动环境。为保证在这些环境中以更小的接收天线来更稳定地使用卫星链路所提供的服务，系统采用了扩频技术，在BPSK和QPSK调制中增加扩频的MODCOD。降低信号的功率／频谱，频谱密度得以降低，抗干扰能力得以提高，陆地、海洋、航空里的低速及高速移动接收器就可以使用更小的接收天线并获得更高的信噪比。另外，整个卫星链路的可用性及安全性能也得到提高。

7.4.2.4 细颗粒自适应编码调制

传统的MODCOD（Modulation and Coding，调制与编码）分辨力粒度一般较小，如传统Ku通信中典型值为28。针对高通量卫星特点和航空平台应用特点，系统采用更高阶的调制方式，更细颗粒度的MODCOD与FEC，同时增加直接序列扩频模式，与自适应编码调制（Adaptive Coding and Modulation，ACM）相结合，系统将根据具体信道条件匹配更细颗粒度的MODCOD调制方式，从而可实现所有应用场景下的最佳调制。系统可以根据应用／服务的类型更好地优化卫星链路（MODCOD由系统可根据用户需求、链路状态等自动配置）。

考虑滚降系数与开销因素，采用DVB-S2X/RCS2的系统在高信噪比情况最高频谱效率可达到5.5bit/（s·Hz），相比传统DVB-S2/RCS系统最高频谱效率3.6bit/（s·Hz），更接近香农极限。采用DVB-S2X/RCS2的系统具备更宽的工作范围，系统可在-10~19.5dB信噪比范围内应用，抗雨衰能力更强。

7.4.3 DAC器件Sinc函数衰落的补偿技术

DAC（Digital-to-Analog Converters）器件作为数字信号向模拟信号转换的必备环节，广泛应用于信号产生、仪器仪表、无线通信中。由于DAC器件在实现上采用了零阶保持器，使其幅频特性上固有的存在Sinc函数衰落。在窄带系统中，该衰落的影响可忽略，但随着多载波宽带通信技术的发展，在宽带调制信号产生及一些特殊应用中，DAC器件的Sinc函数衰落已经成为设计者不得不面对的一个问题。

7.4.3.1 问题分析

图7-14所示为DAC器件使用示意图，为转换前的数字信号、经DAC转换后的

模拟信号、低通滤波后的模拟信号。

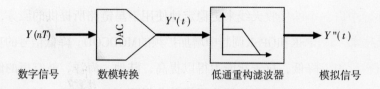

图7-14　DAC器件使用示意图

DAC器件的零阶保持器ZOH（Zero Order Hold）模型：

$$h_{zoh}(t) = rect\left(\frac{t - T_s / 2}{T_s}\right) \tag{7.3}$$

式中，$rect$（ ）为矩形函数。它对应的频率响应：

$$H_{zoh}(f) = F\{h_{zoh}(t)\} = \int_{-\infty}^{\infty} h_{zoh}(t)e^{-j2\pi ft} dt = T_s \sin c(T_s f)e^{-j\pi T_s f}$$

其中，$\sin c(t) = \begin{cases} 1, & t = 0 \\ \dfrac{\sin(\pi t)}{\pi t}, & t \neq 0 \end{cases}$。

在时域：$Y'(t) = Y(t) \otimes hzoh(t)$（ $\otimes$ 表示卷积运算）；

在频域：$Y'(f) = Y(f) \times H_{zoh}(f)$ 。

由以上分析可以看出：由于DAC器件中采用了零阶保持器，当数字信号转换为模拟信号时会对其频谱产生Sinc函数衰落。衰落的具体值与设计中采用的DAC器件转换速率、信号频点、带宽有关，可以参照下面公式计算。

$$|H(f)| = \sin c(T_s f) = \frac{\sin(\pi f T_s)}{\pi f T_s} = \frac{\sin(\pi f / f_s)}{\pi f / f_s}, \quad 0 \leqslant f / f_s \leqslant 0.5 \tag{7.4}$$

式中，f为信号频点，f_s为转换速率。Sinc函数衰落随f / f_s的变化曲线如图7-15所示，仿真中取f_s=1GHz。从图7-15可以看出：对基带信号进行数模转换时，采用8倍速率，DAC器件引起的衰落为0.1122dB；采用4倍速率，DAC器件引起的衰落为0.456dB。

7.4.3.2　解决途径

由于sinc函数衰落的特性比较固定，只与设计中DAC器件所采用的转换速率

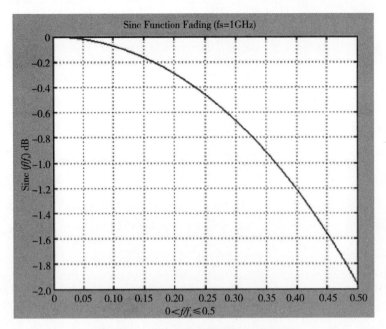

图7-15　Sinc函数衰落值与f/f_s的关系

相关。基于这一点，目前多采用3种方法对其进行补偿，下面对这3种方法分别进行介绍。

（1）采用数字内插技术提高转换速率

由图7-15可以看出f/f_s较小时Sinc函数衰落也较小。所以，在数字信号送DAC之前，可先对其进行内插、滤波处理，提升DAC的转换速率，这样可有效改善信号带内的衰落特性。但是，DAC器件的转换速率是有限制的，而且内插、滤波处理会带来FPGA等前端处理功能的增加，以及板上数据传输速率的提高，更高的速率也就意味着PCB设计难度的加大和设备功耗的增加。

近年来，随着多载波宽带通信技术发展的需求，器件生产厂商在DAC内部增加了内插、滤波等可配置的硬件单元，从而保证有效降低Sinc函数衰落的同时不增加DAC器件以外的处理，也不用提高器件间的数据传输速率。

但是，需要注意的是：采用数字内插技术提高转换速率的方法，只是将Sinc函数衰落的影响降低到一个可以接受的程度，并没有从产生机理上消除这一现象。在设计中需要权衡DAC器件转换速率、硬件处理算法复杂度、功耗等多种因素。

（2）采用数字滤波器进行预失真处理

当DAC器件的转换速率选定时，其Sinc函数衰落特性随之确定，可以设计幅频特性与之互补的数字滤波器（ISinc函数）对信号进行预失真处理，从而保证DAC变换后的最终输出信号具有良好的特性。

ISinc函数幅频特性：$\left|H(f)\right|_{comp} = \dfrac{\pi f / f_s}{\sin(\pi f / f_s)}, \quad 0 \leqslant f / f_s \leqslant 0.5$ （7.5）

ISinc函数时域冲击响应（逆傅立叶变换）：

$$h(t) = \frac{1}{2\pi} \int_{-\frac{\pi}{2}}^{\frac{\pi}{2}} \frac{w}{\sin(w)} \times e^{jwt} \mathrm{d}w = \frac{1}{2\pi} \int_{-\frac{\pi}{2}}^{\frac{\pi}{2}} \frac{w}{\sin(w)} \times \cos(wt) \mathrm{d}w \quad （7.6）$$

由于上式积分没有显式解，只能通过频域采样的数值方法设计滤波器。对上式 $\left|H(f)\right|_{comp}$ 在 $|f| \leqslant 0.5 f_s$ 范围内进行N点采样：

$$C_k = \frac{\pi f / f_s}{\sin(\pi f / f_s)}\bigg| f = \frac{k}{NT_s}, \quad k = -M, \cdots, 0, \cdots, M \quad （7.7）$$

其中，$M = (N-1)/2$，N是奇数。

然后对采样值 进行逆傅立叶变换计算可得：

$$h_{comp}(n) = \frac{1}{N} \sum_{k=-M}^{M} C_k e^{j\frac{2\pi(n-M)k}{N}}$$

$$= \frac{1}{N}\left[C_0 + \sum_{k=1}^{M} 2C_k \cos\left(\frac{2\pi(n-M)k}{N}\right) \right] \quad (n = 0, 1, \cdots, N-1) \quad （7.8）$$

其中，$h_{comp}(n) = h_{comp}(N-n-1)$，即在设计中采用了对称系数FIR滤波器，而且只关注滤波器的幅频特性逼近ISinc函数（$-\pi/2 \sim \pi/2$），系数的对称性决定了预失真滤波器具有良好的相频特性。最后给出经归一化及量化后的定点FIR滤波器系数，使用中也可根据具体设计指标需要对系数进行截短处理或者采用CSD码系数，以降低运算量。

（3）采用模拟滤波器进行后补偿处理

采用与数字预失真相同的思路，可在DAC输出后增加模拟滤波器，对Sinc衰落做反方向补偿。在$0.5f_s$频率范围内，ISinc函数的幅频特性表现为高通形式，所以设计高通滤波器用作模拟补偿滤波器。高通滤波器的函数原形以及电路形式比较多，此处作为例子给出一种最简单的电路，如图7-16所示。

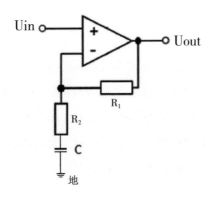

图7-16　模拟补偿电路

根据图7-17所示电路建立以下增益表达式：

$$A_p = \frac{U_{out}}{U_{in}} = \frac{(R_1 + R_2) \times jwC + 1}{R_2 \times jwC + 1} \tag{7.9}$$

幅频特性：

$$|A_P| = \frac{\sqrt{(R_1 + R_2)^2 w^2 C^2 + 1}}{\sqrt{(R_2 wC)^2 + 1}} \tag{7.10}$$

相频特性：

$$\begin{aligned}
\varphi(w) &= angle(A_P) \\
&= \arctan\left(\frac{wCR_1}{w^2 C^2 (R_1 + R_2) R_2 + 1}\right) \\
&\approx \arctan(wCR_1)
\end{aligned} \tag{7.11}$$

其中，$w^2 C^2 (R_1 + R_2) R_2 \ll 1$。在某一段频率范围内，可近似认为：$\varphi(w) \propto w$，即模拟补偿滤波器具有线性相位特性。

通过调整R_1、R_2的电阻值，可改变滤波器的增益；联合调整R_1、R_2、C的值，可使其幅频特性在某一频率范围内逼近ISinc函数。

7.4.4　宽带转发器单载波技术

采用了WBT单载波技术，DVB-S2X的频谱效率比DVB-S2的提高了约20%。另外，采用Equalink预失真技术，可在采用WBT单载波技术时带来2dB增益，从而可以采用64/128/256 APSK高阶调制方式，将处于饱和状态下的非线性转发器的频谱效率提高10%左右。

7.4.4.1　虚拟载波技术

WBT单载波技术的应用也面临诸如接收机滤波、对超高速率数据接收、FEC解码等技术难题，为此，可采用基于时间分片的"虚拟载波"技术进行解决[6]，如图7-17所示，频谱占据整个转发器的单载波被若干个时间分片划分成了对应相同个数载波的虚拟载波（物理帧），接收机只对其所需的虚拟载波进行接收及后续处理，从而大大减小了接收机的实现复杂度。

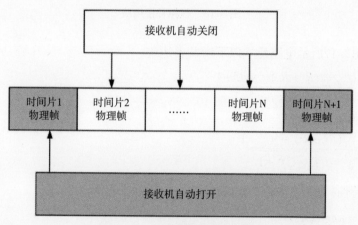

图7-17　虚拟载波技术示意图

7.4.4.2　预失真技术

采用预失真技术可在采用WBT单载波技术时带来2dB增益，从而可以采用更高阶调制方式。

为提高转发器利用率，转发器可工作于饱和状态下，此时转发器存在AM/AM、AM/PM失真，若能对非线性特性进行均衡补偿，将提高系统的性能。值得说明的是，补偿既可以实现于卫星上，也可实现于信关站和卫星通信终端中，从技术可行性和经济性来说，在信关站采用预失真补偿是性价比较高的一种方式。

预失真方案需要综合考虑地面信关站功放与卫星转发器全链路非线性特性。进行统一建模。常用的预失真估计结构有直接学习结构与间接学习结构。直接学习结构实现比较复杂，计算量大；间接学习结构直接假设一种预失真器模型，通过交换非线性模型输入和输出信号，直接提取预失真模型参数，较直接学习结构简洁，易于实现。

图7-18给出了星地一体间接学习型预失真原理图，预失真功能主要由前置预失真器、后置预失真器和自适应算法实现。利用后置预失真器训练模块学习、逼近星地功放模型的逆特性，前置预失真模块结构、参数与后置预失真器训练模块完全相同，其理论基础是非线性系统的后逆等于前逆。当后置预失真器训练模块的目标函数达到线性化要求时，将参数拷贝到前置预失真器中，使前置预失真器与星地功放级联起来后呈现出线性特性，即达到预失真的目的。

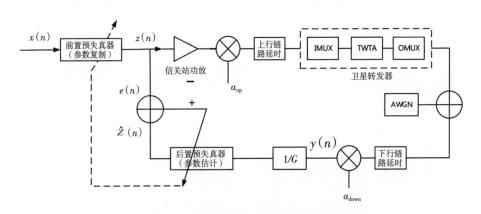

图7-18 星地间接学习型数字预失真原理图

预失真的核心是通过自适应算法训练得出星地级联功放的"逆"模型，并将该"逆"模型参数直接作为预失真参数。训练的主要步骤如下：

• 功率归一化后的功率放大器的输出 $y(n)/G$ 作为后置预失真器的输入，将后置预失真器的输出信号 $\hat{z}(n)$ 与原功率放大器的输入信号 $z(n)$ 进行比较。

• 自适应算法调整后置预失真器的参数 Ω，使误差信号 $e(n)$ 满足特定指标（如MSE最小）。

• 用收敛的后置预失真器参数 Ω 代替前置预失真参数，完成间接学习过程，此时两个预失真器模型和参数完全相同。

参考文献

[1] ETSI EN 302 307 v1.3.1, Digital Video Broadcasting (DVB); Second generation framing structure, channelcoding and modulation systems for Broadcasting, Interactive Services, News Gathering and other broadband satellite applications (DVB-S2) [S]. 2013.

[2] ETSI EN 302 307-2 v1.1.1, Digital Video Broadcasting (DVB); Second generation framing structure, channel coding and modulation systems for Broadcasting, Interactive Services, News Gathering and other broadband satellite applications (DVB-S2X) [S]. 2014.

[3] ETSI TS 101 545-1 v1.2.1, Digital Video Broadcasting (DVB); Second Generation DVB Interactive Satellite System (DVB-RCS2); Part 1: Overview and System Level specification[S]. 2014.

[4] ETSI TS 101 545-2v1.2.1, Digital Video Broadcasting (DVB); Second Generation DVB Interactive Satellite System (DVB-RCS2); Part 2: Lower Layers for Satellite standard [S]. 2014.

[5] ETSI TS 101 545-3v1.2.1, Digital Video Broadcasting (DVB); Second Generation DVB Interactive Satellite System (DVB-RCS2); Part 3: Higher Layers for Satellite Specification [S]. 2014.

[6] 李远东, 凌明伟. 第三代DVB卫星电视广播标准DVB-S2X综述[J]. 电视技术, 2014, 38 (12): 28-31.

[7] 刘俊, 刘会杰, 尹增山. 基于多速率DA的根升余弦滤波器的FPGA实现[J]. 现代电子技术, 2009, 32 (19): 94-98.

8 基于SDN/NFV的高通量卫星通信网络

软件定义网络（Software Defined Network，SDN）和网络功能虚拟化NFV（Network Function Virtualization, NFV）共同被认为是未来网络创新的重要推动力量。SDN是一种新型网络创新架构，它的核心思想是将网络的控制平面与数据转发平面分离开来，并实现可编程化控制。SDN有应用层、控制层和基础设施层组成，其三大特征是控制与转发分离、控制层执行逻辑集中控制、控制层向应用层开放API。NFV实现了网络功能（NF）与硬件的解耦，为虚拟化网络功能（VNF）创建标准化的执行环境和管理窗口，从而使得多个VNF可以以虚拟机（VM）的形式共享物理硬件。

SDN与NFV来源于相同的技术基础，即通用服务器、云计算以及虚拟化技术等，但二者之间相互独立，没有依赖关系，SDN不是NFV的前提，同时SDN与NFV又是互补关系。SDN的目的是生成网络抽象，从而快速地进行网络创新，重点在集中控制、开放、协同和网络可编程。NFV是运营商为了减少网络设备成本，以及场地占用、电力消耗等运维成本而建立的快速创新和开放的系统，重在高性能转发硬件和虚拟化网络功能软件。

以控制面与数据面分离和控制面集中化为主要特征的软件定义网络（SDN），以及以软件与硬件解耦为特点的网络功能虚拟化技术（NFV）的结合，能够使未来的高通量卫星（HTS）网络具备开放能力、可编程性、灵活性和可扩展性。

8.1 软件自定义网络（SDN）

软件定义网络（Software Defined Network，SDN），是由美国斯坦福大学

CLean State课题研究组提出的一种新型网络创新架构，其核心技术Open Flow通过将网络设备控制面与数据面分离开来，从而实现了网络流量的灵活控制，为核心网络及应用的创新提供了良好的平台。

传统网络的世界是水平标准和开放的，每个网元可以和周边网元进行完美互联；计算机的世界则不仅水平标准和开放，同时垂直也是标准和开放的，从下到上有硬件、驱动、操作系统、编程平台、应用软件等，编程者可以很容易地创造各种应用。

和计算机对比，在垂直方向，从某个角度来说，网络是"相对封闭"和没有"框架"的，在垂直方向创造应用、部署业务是相对困难的。但SDN将在整个网络（不仅仅是网元）的垂直方向，让网络开放、标准化、可编程，从而让人们更容易、更有效地使用网络资源。

8.1.1　SDN体系结构

SDN通过分离网络设备的控制面与数据面，将网络的能力抽象为应用程序接口（API: Application Programming Interface）提供给应用层，从而构建了开放可编程的网络环境，在对底层各种网络资源虚拟化的基础上，实现对网络的集中控制和管理。与采用嵌入式控制系统的传统网络设备相比，SDN 将网络设备控制能力集中至中央控制节点，通过网络操作系统以软件驱动的方式实现灵活、高度自动化的网络控制和业务配置。

图8-1是业界广泛认同的SDN体系结构。该体系架构分为3层，其中基础设施层主要由支持Open Flow协议的SDN交换机组成。控制层主要包含Open Flow控制器及网络操作系统（Network Operation System, NOS）。控制器是一个平台，该平台向下可以直接与使用Open Flow协议的交换机（以下简称SDN交换机）进行会话；向上为应用层软件提供开放接口，用于应用程序检测网络状态、下发控制策略。位于顶层的应用层由众多应用软件构成，这些软件能够根据控制器提供的网络信息执行特定控制算法，并将结果通过控制器转化为流量控制命令，下发到基础设施层的实际设备中。

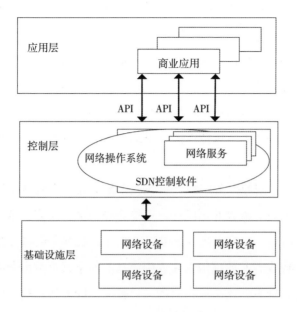

图8-1 SDN体系结构

SDN的主要特点：

•控制转发分离：支持第三方控制面设备通过Open Flow等开放式的协议远程控制通用硬件的交换/路由功能。

•控制平面集中化：提高路由管理灵活性，加快业务开通速度，简化运营和维护。

•转发平面通用化：多种交换、路由功能共享通用硬件设备。

•控制器软件可编程：可通过软件编程方式满足客户化定制需求。

8.1.2 Open Flow协议

Open Flow协议是SDN实现控制与转发分离的基础，它规定了作为SDN基础设施层转发设备的Open Flow交换机的基本组件和功能要求，以及用于由远程控制器对交换机进行的规范[1]。

Open Flow规范主要由端口、流表、通信信道和数据结构四部分组成。由于篇幅原因，本书不对该规范做展开论述，主要介绍Open Flow的运行原理。

图8-2反映了Open Flow对数据分组的处理机制。一个Open Flow交换机包括一

个或者多个流表（flow table）和一个组表（group table）。流表中的每个流条目
包括如下3个部分。

• 匹配（match）：根据数据分组的输入端口、报头字段以及前一个流表传递
的信息，匹配已有流条目。

• 计数（counter）：对匹配成功的分组进行计数。

• 操作（instruction）：包括输出分组到端口、封装后送往控制器、丢弃等操
作。

SDN交换机接收到数据分组后，首先在本地的流表上查找是否存在匹配流条
目。数据分组从第一个流表开始匹配，可能会经历多个流表，这叫作流水线处理
（pipeline processing）。流水线处理的好处是允许数据分组被发送到接下来的流
表中做进一步处理或者元数据信息在表中流动。如果某个数据分组成功匹配了流
表中某个流条目，则更新这个流条目的"计数"，同时执行这个流条目中的"操
作"；如果没有，则将该数据流的第一条报文或报文摘要转发至控制器，由控制
器决定转发端口。

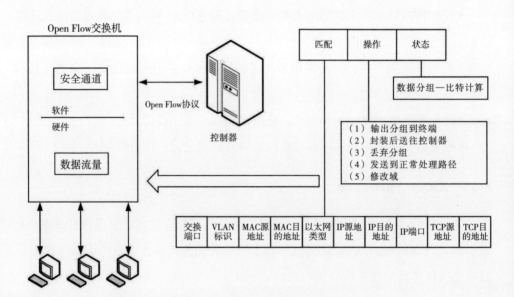

图8-2 Open Flow运行原理

8.2　网络功能虚拟化（NFV）

网络虚拟化允许在共享的网络基础设施上创建和共存多个孤立和独立的虚拟网络。虚拟网络是一个逻辑网络，它的一些元素（网络设备/节点和链路）是虚拟的。虚拟节点是通常托管在单个物理节点上的网络设备的抽象。它通过消耗主机节点的部分资源来执行诸如路由、转发等网络功能。分配给虚拟网络设备的资源多种多样，如CPU、易失性存储器、网络接口、存储器、交换等。类似地，虚拟链路是建立在一个或多个物理链路或物理路径上的网络链路的抽象。它消耗传输资源（即物理链路的带宽）以及其遍历的物理节点上的交换资源。

网络功能虚拟化（Network Function Virtualization, NFV）基于虚拟化技术和标准的商业服务器、交换机、存储器来实现网络功能，用于替代网络中原本采用专用设备的中间盒，为运营商减少了搭建和运营网络的开销，提高了网络服务的灵活性、可扩展性，促进了新兴网络功能的开发和部署。NFV提倡将运行在标准化IT基础设施（如商用现成服务器）上的众多软件模块被组合和/或链接以创建服务。这种方法利用了从云计算行业学到的服务器虚拟化经验，因为虚拟网络功能可以在一个或多个虚拟机上实现。

NFV的主要好处：

• 低成本：基于x86标准的IT设备成本低廉；基于软件的运行和维护方法，能够为运营商提供更多、更灵活的网络部署与重构，降低运行和维护成本；大规模的通用化平台，资源共享化，意味着更高的使用效率、更低的成本。

• 灵活性：基于实际的流量、移动特征和业务需要，实时地对硬件资源、网络配置、拓扑就近加以优化；开放的API接口，更广阔、更多样的、更鼓励开放的生态系统。

网络功能虚拟化（NFV）的基础架构由欧洲电信标准化协会（ETSI）NFV行业规范组织（ISG）设计完成，NFV逻辑架构如图8-3所示。NFV逻辑架构主要分为4个部分：NFV的管理和编排（MANO）系统用于整体编排和控制管理；NFV基础设施（NFVI）提供网元部署所依赖的基础设施环境；虚拟网络功能（VNF）这一层包括虚拟网元自身以及负责管理VNF的网元管理系统（EMS）；运营支持系统/业务支持系统（OSS/BSS）是运营支撑系统。

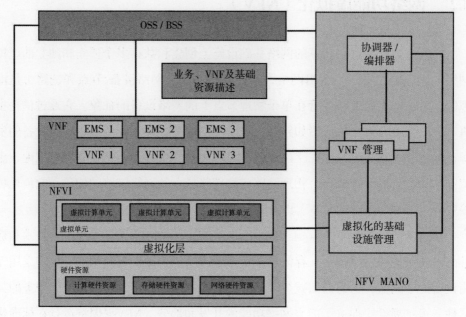

图8-3　NFV的架构图

8.2.1　NFV的管理和编排（MANO）

网络功能虚拟化的管理和编排包括编排器、虚拟网络功能的管理和虚拟化的基础设施管理。

（1）编排器（Orchestrator）：它是系统实现全自动化最为核心的环节，负责对上层软件资源进行编排和管理，这种编排能力可以根据业务的需求，调整各VNF所需要的资源的多少。

（2）虚拟网络功能的管理（VNF Manager）：它负责VNF的生命周期管理。一个VNF Manager可以管理一个或多个VNF。这里的管理是指提供包括部署/扩容/缩容/下线等自动化能力。

（3）虚拟化的基础设施管理（Virtualised Infrastructure Managers）：作为NFVI层的管理系统，负责对物理硬件虚拟化资源进行统一的管理、监控、优化，如Open Stack。

8.2.2　NFV基础设施（NFVI）

网络功能虚拟化基础设施主要包含虚拟资源（Virtualised Resources）、虚拟化层（Virtualisation Layer）、硬件资源（Hardware Resources）3个功能区块。从云计算的角度看，就是一个资源池。NFVI映射到物理基础设施就是多个地理上分散的数据中心，通过高速地面通信网连接起来。NFVI需要将物理计算/存储/交换资源通过虚拟化转换为虚拟的计算/存储/交换资源池。

8.2.3　虚拟网络功能（VNF）

（1）VNF（虚拟网络功能）：用软件形式来实现原本由各类网路硬件所具备的功能，可被配置在一或多个的虚拟机上。

（2）EMS（系统管理单元）：负责VNF的操作与管理，通常每个VNF各自具备相对应的EMS对其进行操控。

8.2.4　运营支撑系统（OSS/BSS）

运营支撑系统代表运营商各自的运营支持系统与业务支持系统。NFV MANO执行资源调配取用的任务时，将参考OSS和BSS的角度来进行协调配置。

8.3　利用SDN/NFV技术的高通量卫星通信网络

将SDN和NFV技术引入进HTS系统中，可以为服务提供商和用户带来巨大的利益，从而创建能够支持新的细粒度服务和优化资源使用的创新"需求关注网络"[2]。此外，这些新模式所提供的网络虚拟化可以有效地实现卫星与地面资源的机会性整合，推动卫星应用范围的扩大。图8-4展示了一个集成的星地SDN功能架构的示例。

在应用层，可以找到SDN用户可消费的业务应用程序以及卫星和地面网络组件的状态信息。这一层也致力于功能云管理。控制层的网络服务负责应用程序以最高效、最安全的方式运行。智能控制集中在控制层，且控制层将上层指令转换为基础设施层的配置和数据结构。地面和卫星网络资源在这一层被虚拟化和

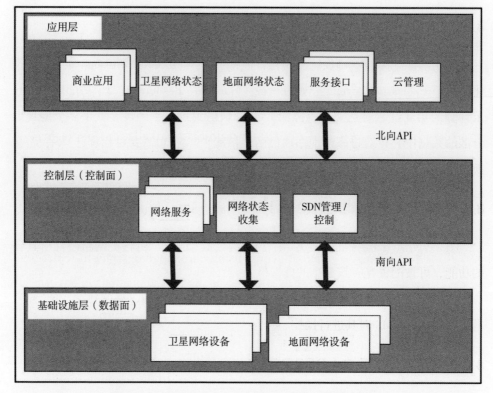

图8-4 集成的星地一体化软件定义网络功能体系架构

联合，而且虚拟网络功能在这里被创造，以便为应用层用户提供一个"虚拟网络切片"。支持控制层和应用层之间通信的API称为北向API；北向API的标准化是SDN实现中的主要问题之一。控制层和基础设施层之间的通信通过南向API实现。

整个卫星通信产业链可以从采用SDN/NFV范例中获得重大利益，例如：

• 卫星网络运营商的利益——预计SDN模式将是卫星通信运营商非常有吸引力的收入来源，从而能够确定新的基于卫星的服务，根据客户的要求/需求，以网络资源的实际使用情况确定价格。此外，NFV可以通过使用商用服务器节点来实现网络功能，而不是使用昂贵的专用网络设备（例如，性能增强代理、缓存、转码等），降低卫星网络运营商的成本。这导致了这些网络功能的快速和轻松升级与更换，同时也带来了新的创新功能的部署。

• 对设备制造商的好处——设备供应商开发专用网络设备，无论是车载还是地面使用，都可以使其平台符合标准北向接口，做到可编程和可重新配置，这可以丰富他们的目标客户群，巩固他们在全球市场的地位。

• 卫星网络客户的好处——对网络客户来说，能够使用具有更高管理和配置能力的虚拟化的灵活网络基础设施是一个巨大的变化。卫星和地面网络资源的有效整合可以提供通过使用地面和卫星连接的孤立虚拟片来互连远程位置的可能性，同时服务资源可以随时根据需要重新调整。此外，NFV允许用户将硬件网络设备迁移到运营商的云服务网络基础设施上。

8.3.1 高通量卫星网络参考模型

本章考虑的主要参考场景是一个星形透明高通量卫星网络，用于提供宽带用户接入服务，系统如图8-5所示。非再生高通量卫星系统用于在用户终端（UT）和信关站（GWs）之间提供多波束连接。数字透明有效载荷可用于提供多波束可编程连接，提高系统性能。

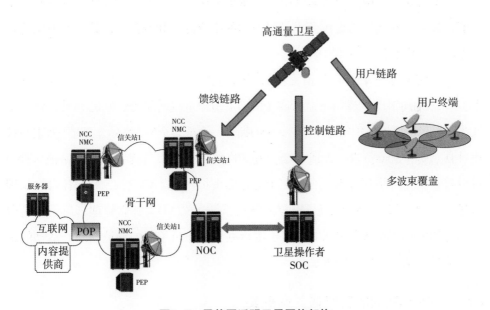

图8-5　星状网透明卫星网络架构

通常，系统信关站的一个子集通过具有一些因特网接入点（POP）的专用地面网络进行连接；每个信关站支持双向通信。

用户链路的可用频段被划分为一定数量的信道（通过N色全频段复用方案）。用户波束连接到在运行的卫星信关站，每个信关站都能为固定的用户波束池提供服务，每个馈电波束的覆盖区内部署1座信关站。通常，前向链路基于DVB–S2/S2X空中接口标准，而返回链路基于DVB–RCS/RCS2格式。

网络控制中心（NCC）提供一个交互式网络的实时控制，它为卫星网络的运行生成控制和参考定时信号，由GW传输（通常与用户数据多路复用）。NCC通过控制平面功能管理来自用户终端的卫星接入请求；它还基于服务质量（QoS）模型为客户提供服务区分。网络管理中心（NMC），专门负责元件和网络管理功能（管理平面功能）。

为了提高通信协议的端到端性能，还提出了性能增强代理（PEP）。不同类型的PEP用于解决不同的链路相关问题，在参考网络体系结构中最常见的是"拆分TCP"，通常用于解决具有较大往返时间（RTT）的TCP问题，以及用于高度非对称链路的"Ack过滤或抽取"。

NCC之间的协调由网络运营中心（NOC）执行，该中心负责集中管理和控制功能，如向交互式网络提供商提供服务和网络资源（如带宽），并负责卫星配置与卫星操作中心的接口（SOC）。

下面定义参考场景利益相关者的不同角色。卫星运营商（SO）负责管理整个卫星；SO向多个卫星网络运营商（SNO）出售卫星转发器级别的容量，将一个或多个卫星转发器分配给每个SNO。SNO拥有一个或多个NCC/NMC，并配置时间/频率计划。每个SNO负责一个或多个交互式网络，拥有并管理一个信关站池。SNO可以将其交互网络划分为一个或多个运营商虚拟网络（VNO），分配各自的物理和逻辑资源。每个VNO由卫星虚拟网络运营商（SVNO）独立管理，该运营商向其用户销售连接服务。SVN概念用于逻辑划分操作员控制的寻址空间。活动的用户终端只能是一个VNO的成员。

8.3.2 基于SDN的智能信关站分集

智能信关站基于使用与地面光纤网络连接的同步信关站池，为馈线链路提供空间分集方案，以便能够以抵消一个（或多个）信关站上的深度衰减的方式路由馈线链路数据。与传统的单站点分集方案相比，智能信关站中系统资源的使用更为高效。事实上，所有信关站都同时运行，系统容量以最佳方式使用，而无须信关站冗余。另一方面，不仅有效的流量控制/切换算法复杂，而且信关站网络同步与切换的管理和执行也非常复杂。在这个框架中，SDN的应用可以提供巨大的好处，并简化这些复杂的任务。SDN体系结构由交换机/路由器和SDN控制器组成。支持SDN的设备根据流表中存储的规则（转发状态）来处理和传送数据包，而SDN控制器使用标准协议Open Flow（OF）来配置每个交换机的转发状态。使用SDN的实时能力，特别是从经历链路中断的信关站到另一信关站的数据流重路由过程，可以有效地实现高通量卫星系统中的切换过程。

考虑图8-6所示的卫星网络场景，其中3个信关站（GW1、GW2、GW3）分别连接到高通量卫星HTS和SDN使能的路由器（S1、S2、S3）。S1、S2、S3由SDN控制器使用Open Flow进行控制，而GW1、GW2、GW3和NCC1、NCC2、NCC3由NCC/GW管理器通过专用控制协议进行管理。

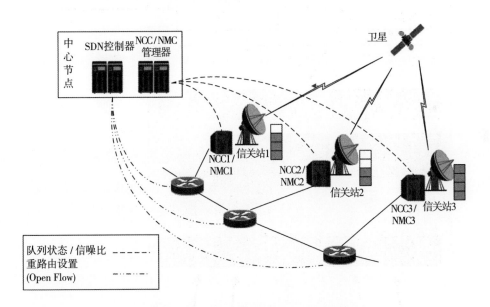

图8-6　基于SDN的智能信关站应用场景

NCCs周期性地向NCC/GW管理器发送信关站馈电链路信噪干比（SNIR）的测量信息，而GWs则发送队列状态（载波/时隙资源的占用信息）。中心节点是由NCC/GW管理器和SDN控制器组成的联合实体，是整个网络的智能控制中心。

一方面，它接收有关链路物理参数的信息（SNIR和队列状态），并计算馈线链路中断概率。另一方面，它决定哪些数据流应该被重新路由到其他信关站。

中心节点的功能框图如图8-7所示。预测链路中断和估计信关站发生的拥塞事件可以作为运行在SDN控制器之上的应用程序来实现。反过来，SDN控制器向北向应用程序开放流映射和路由映射的接口。最后，重路由引擎负责识别需要迁移的业务数据流，并通知路由管理器/流规则生成器，为S1、S2、S3创建OF规则。

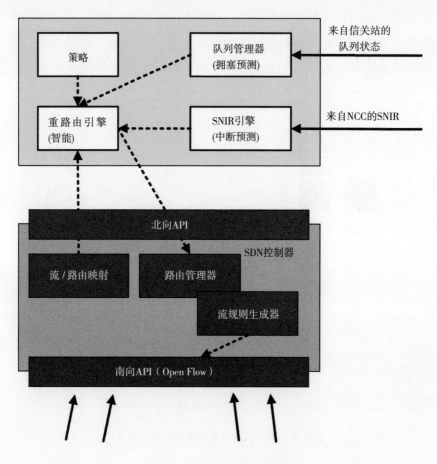

图8-7 中心节点功能框图

北向应用程序根据以下因素决定何时需要进行切换（与切换相关的数据流或受切换影响的用户终端站）[2]：

- 流程约束：QoS要求、特定用户SLA。

- 流量监测：确定在进行的服务、性能和它们接收的资源（卫星和骨干网）。

- 卫星网络以及地面骨干网性能指标。

一旦确定了某些数据流或用户终端站的切换，应用程序将自动：

- 如有需要，通知相关用户终端和前返向链路设备更改其频率。

- 更新信关站和地面骨干网中的路由转发规则。

这是由SDN相关的可编程功能被添加到包处理中来实现的。例如，Open Flow可以根据以下内容动态部署与数据包匹配的转发规则：

- 输入网络接口。

- IP/MAC地址。

- 使用的服务或协议类别。

- 已识别的流量或者群组的速率。

- 使用传统功能的深度数据包检查（DPI）。

总之，SDN可以简化信关站切换管理以及扩展其能力，无疑对当前和未来的卫星网络做出了贡献。

8.3.3　基于SDN/NFV技术实现卫星和地面网络互联

目前，卫星接入网和地面接入网是两个独立的实体，它们以不同的方式发展，每一个都有自己的服务和应用。卫星和地面网络通过NFV和SDN无缝集成的目标是创建一个混合网络独特的控制平面来管理和优化不同的通信资源。这种混合网络在地面连通性有限的地区和地面网络去拥塞方面都是有效的（即使考虑到有效使用SDN将带来的高密度旁路数据）。

为了有效地实现这种弹性混合网络，必须仔细开发联合的资源管理算法，即选择适当的虚拟化功能实现、SDN控制层接口等。特别是，系统架构应提供对每个数据流的精细控制，以便有效地管理每个数据流，选择最佳方式传输数据。此外，控制应该动态地对链路状况做出反应，更新转发规则，即使考虑到甚高频卫星信道可能经历的衰减高变化的情况，这一方面也具有重要意义。

无论是在传统手段难以触及的地方提供数据回传（移动、军事、海上等），还是在一些被称为"灰色区域"（互联网连接有限的区域，即小于512kbit/s）的部署环境中靠地面接入网络高效地提供通信服务，允许不同接入的混合卫星网络将有助于提供有效的服务。它的一些优点包括：

容量聚合：有些应用程序所需带宽可能超过单个链路所能提供的最大带宽。在这种情况下，多链路传输将有助于达到所需的总带宽。为了提高服务质量，附加链路可用于特定目的，例如纠错数据。

负载均衡：来自不同应用程序的数据流可以通过不同的链路转发，以使链路占用率保持在较低的水平。类似地，为了增强服务功能，链接的选择可以由应用程序驱动。

为了使这样的解决方案成为现实，系统架构应该对所携带的数据流提供细粒度的控制。事实上，在最佳链路上调度任何数据流或其任何部分的能力是至关重要的。对于已部署的应用程序，这种路由应该以无缝的方式完成。现在，这种控制可以通过各种技术的复杂组合来实现，例如基于策略的路由（PBR）、多链路协议（MLPPP、SCTP等）和流量识别机制（分组标记、DPI、Layer-7过滤器等）。然而，值得注意的是，所有这些技术都未能为跨不同链路的数据流调度提供必要的控制级别。此外，它们缺乏使用的动态性，因为转发规则是静态的，没有考虑到不断变化的链路条件和应用程序流。

支持SDN的卫星/ADSL集成——SDN范例在这种解决方案中可以发挥重要作用。实际上，基于SDN的混合体系结构的实现可以带来当前协议和机制无法有效实现的适当控制能力。此外，由于分组转发决策是根据分组报头上的匹配规则作出的，因此，运行不同通信技术的不同相关网络之间的集成互联可以在层3或更低层（层2）上实现。

图8-8给出了同时使用ADSL接入网和双向卫星网的网络体系结构。在这种架构中，全球网络提供商（NP）同时操作两个接入网络。

在这种情况下，网络运营商在其网络基础设施中和客户/用户场所部署支持SDN的设备。信关站实际上变成由SDN驱动，且在网络运营商的SDN网络管理器监视下运行。由于在SDN控制器上运行网络应用程序，数据流调度可以在前向链路或返回链路上实现。

在基于混合卫星/ADSL体系结构的三网合一业务环境中，SDN带来的自由分组转发（即开放流分组转发规则）使得各种场景成为可能。例如，当开始一个电

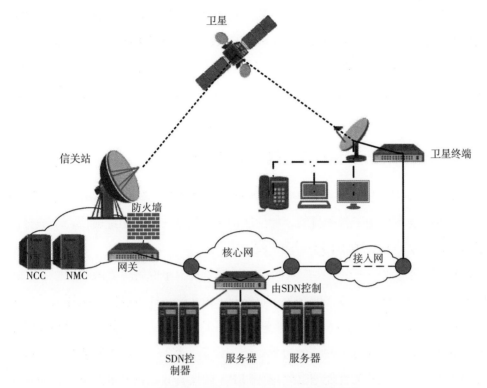

图8-8　SDN实现的卫星/ADSL混合网络架构

话呼叫时，为了满足VoIP的QoS要求，低延迟链路（例如ADSL）可以临时和动态地保留给语音分组，而通过该链路传输的所有其他数据分组被重定向到卫星链路。

但是，基于SDN的解决方案有以下要求：

数据流标识：为了高效的流调度，控制应用程序需要根据参数（如IP地址、端口号、TOS或包头中的任何字节模式）来标识服务数据流。Open Flow规则表达式使得这样的模式可以很容易地实现。

链路监控：控制应用程序需要不断监控链路的延迟、可用带宽等，以优化数据流调度。Open Flow在其1.3版中引入了计量表，这是一个强大的工具，可以收集每个交换机端口甚至每个数据流的统计信息。

动态转发规则生成和更新：控制应用程序需要对链路条件的任何更改做出反应，生成/部署适当的转发规则或更新已建立的规则。

最后，SDN可以提高混合架构的效率并简化其部署。此外，它将使新颖和创新的服务和应用成为可能。由于支持SDN的交换机（例如Open Flow兼容交换机）已经在市场上销售，因此该用例已经成为现实；但是，当前不仅必须开发混合应用程序和策略，还必须提出支持SDN的混合和集成设置框来使该技术能够更好地运用。

8.3.4　基于NFV改进性能增强代理（PEP）

中间盒在互联网体系结构中非常普遍，特别是在卫星通信网络等特定网络中。这些智能实体用于各种目的，如性能优化、网络安全和地址转换。本节分析了NFV如何改进卫星网络中经典的PEP功能。

TCP性能优化——在某些广域网中，特别是在卫星网络等受限环境中，TCP/IP模型在性能方面不是最佳的。为了提高TCP的性能，针对卫星网络提出了多种TCP协议版本。然而，在终端部署上还是遇到了一些问题。目前已经找到并仍在使用的解决方案是在卫星网络的边界处插入设备，将TCP的操作转换为与卫星兼容的版本。这些被称为性能增强代理（PEP）的设备分布在卫星网络中，同时提供诸如Web缓存之类的高级服务。

PEP提供的协议优化与多种情况不兼容，特别是在存在安全和移动性限制的军事或航空部署中。例如，实现移动体系架构，如移动IP，为PEP带来了复杂的问题。最可能出现问题的情况发生在混合切换期间，即从需要PEP优化的卫星网络到不再需要该优化的网络（并且可能产生反作用）。在这种情况下，由PEP管理和加速的TCP连接应该在PEP被停用（或者更一般地说是PEP的更改）后继续存在。然而，PEP实际上被锁定在基础设施，无法跟随最终用户移动。而针对混合卫星/地面网络情形，该问题已有解决方案提出：需要PEP之间的交换信息[3]。在卫星网络中提供高级服务的其他中间盒（NAT、防火墙、网络安全设备等）也面临同样的问题。

PEPs和网络功能虚拟化——网络功能虚拟化范式旨在实现大容量数据中心或网络元素的数据平面处理或控制平面功能。这开启了一个思考中间盒的新时代，因为它们可以很容易地按需部署，并在运营商的控制下提供高级服务。此外，这些中间盒可以是移动的，因为它们只依赖于可以从一个标准服务器迁移到另一个标准服务器的软件。

考虑到信关站分集接收，PEP通常在卫星主站（信关站）实施。当一个卫星用户终端切换到一个新的主站时，它跨越PEP的TCP连接将断开，因为新的PEP将不知道这些连接的环境。

在NFV模式下PEP将不再作为一个专用的中间盒，而是可以在不同设备上运行的软件。此外，如果用户终端从一个卫星主站切换到另一个，则PEP功能可以专用于通信环境（例如，专用于某个用户终端），并且可以根据应用需求（安全性、移动性、性能等）进行调整，它的"专用虚拟PEP"将迁移到新的主站，并将继续执行适当的TCP优化。

一些云计算平台支持NFV，并且已经提供了部署虚拟网络功能（VNF）的解决方案。一些厂商提出了在Web应用服务器上实现TCP优化和加速的虚拟功能。

参考文献

[1] 杨峰义, 张建敏, 王海宁, 等. 5G网络架构[M]. 北京：电子工业出版社，2017.

[2] Bertaux L, Medjiah S, BerthouP, et al. Software defined networking and virtualization for broadband satellite networks.[J]. IEEE Communications Magazine, 2015, 53 (3) 54–60.

[3] Dubois E, Fasson J, Donny C, et al. Enhancing TCP based communications in mobile satellite scenarios: TCP PEPs issues and solutions[C]// Advanced Satellite Multimedia Systems Conference. IEEE, 2010:476–483.

9　高通量卫星通信新技术

　　卫星通信服务定义的目标是满足卫星生命周期的所有潜在需求。然而，这将导致对卫星资源的低效率利用，特别是在市场可能波动或不确定的领域，还有需求随时变化的企业。为了使系统最优地适应随时间和位置变化的流量需求，引入了新的跳波束的概念。根据流量需求，卫星在一组覆盖区域内循环。因此，在任何给定的时间，只有一个区域进行全功率和全带宽覆盖。波束跳频提供了灵活的系统架构，通过在多波束之间共享时间、功率和频率资源，来解决随时间和区域位置变化的通信量需求。跳波束系统通过集中系统资源在最需要的地方提供更高的可用吞吐量。

　　目前在轨的高通量卫星大多通过多馈源单波束天线实现多点波束覆盖，频率复用通过"空分复用"的方式实现，导致卫星覆盖、功率分配和频谱在卫星上天前就固定下来，无法实现在轨灵活调整。卫星波束的尺寸和形状与地面需求分布紧密相关，这对于HTS移动业务来说，卫星服务无法适应业务的发展变化，造成星上资源的浪费。部分HTS已经实现了一定程度的"灵活"，但主要通过传统的技术方案来实现，如今，国外正在积极开展创新的灵活有效载荷技术研究，以期望实现完全的在轨"灵活"，即"软件定义卫星"（Software Defined Satellite）。

　　5G作为"新基建"之首，具有传输容量大、峰值速率高、传输时延低、业务范围广等特点，在人口相对密集的城区可以显著加快未来社会的数字经济化转型。但是在人烟稀少的偏远地区，难以实现地面5G基础设施的有效低成本部署。根据调查，目前全球地面移动通信系统只能覆盖大约20%的陆地面积，仅占整个地球表面的6%[1]。而卫星具有覆盖范围广、覆盖波束大、组网灵活和通信不受地理环境限制等优点，可在偏远山区、空中、沙漠、海洋等地区提供有效服务，弥补地面移动网络因技术或经济因素造成的覆盖不足。尽管地面移动通信网络和卫星通信网络目前处于独立组网的状态，但是为了满足未来对全球随遇接入与广域万物智联的需求，保障用户服务的连续性与一致性体验，在5G时代，各行各业都在推动地面移动通信网络与卫星通信网络的融合。3GPP、ITU、Sat5G等国际组织初步探索了卫星通信网络与5G移动通信网络的融合技术，然而目前卫星5G网络的融合整体上仍然处于起步阶段。只有实现不同网络的优势互补，相互赋能，在网络架构、技术体制、资源管理、业务应用等方面进行深层次系统融合，才能实现用户无感知的一致服务体验，满足用户随遇接入的多样性业务需求。

9.1 跳波束技术

9.1.1 概述

目前的HTS卫星主要采用多个点波束增加系统容量，在系统设计时HTS卫星多波束之间的频率、功率和带宽等多为固定分配方式。但多波束覆盖区内的不同波束内所服务的用户业务类型差异较大、业务分布的时变性和空间不均匀性显著，导致这种固定模式缺乏足够的灵活性，造成卫星的性能受限。针对上述背景，有研究人员提出了一种跳波束（Beam-hopping）技术，该技术能够提高链路的传输能力，满足时空动态分布、需求相差迥异的空间信息网络业务需求。上述技术的基本思想是利用时间分片技术，在同一个时刻，并不是卫星上所有的波束都工作，而是只有其中的一部分波束工作，这种新的思想相比于传统的多波束卫星系统能够满足业务需求不均衡的应用场景，是未来甚高通量卫星的一个很好的技术选择。

9.1.2 原理及关键技术分析

跳波束通信技术是一种从时域上对卫星资源进行优化配置的技术，该技术通过将整段带宽（也可以使用部分带宽）以时隙为单位分配给各个波束，可以灵活地根据各波束不同的业务需求进行时隙配比的调整，从而提升星上资源的利用效率。如图9-1所示，时间轴被划分为W个时间槽，代表一个跳波束窗口，该窗口遵循规律的模式重复。在给定的操作周期内，W个时隙的窗口持续时间通常是恒定的。在每个时隙中，一组不同的卫星波束被点亮，这些点亮的波束通常分布在不同的用户波束簇。一般来说，最多有N_{MAX}个波束可以同时被点亮。N_{MAX}的大小决定了载荷体系结构的复杂性。在图9-1中，每一纵列代表在每个时隙中活动波束的一个矢量。活动波束的实际变址可以从一个时隙变化到下一个时隙。时隙是向卫星波束分配资源的基本粒度。因此，窗口长度W的选择是在对系统性能变化作为W的函数进行仔细的敏感性评估之后得到的。在一般情况下，假设带宽分段，每个波束可以被包括N_f子频带的总可用带宽的一部分点亮。

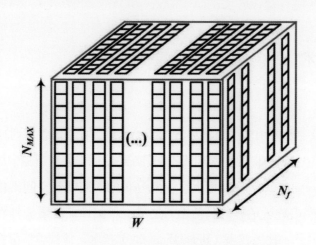

图9-1　带宽分割的跳波束窗口示意图

跳波束系统前向链路传输的原理如图9-2所示。系统采用一个透明的不含数据处理的有效载荷架构。卫星根据波束交换时间计划（Beam-Switching Time Plan，BSTP）改变波束指向地面上不同的区域，这些区域被称为覆盖区或服务区。这些服务区域可能包括不同数量的用户终端站，用户终端站数量多的波束分配更多的时隙。图9-2只显示了前向链路传输，即从信关站（Gateway，信关站）到远程终端的传输方向。

支持跳波束的多波束卫星系统由网络运营与控制中心、信关站、（甚）高通量卫星和用户终端站组成，如图9-2所示。卫星载荷有效载荷主要由透明转发器和跳波束控制器组成，通过多波束天线和用户通信。透明转发器完成信号的变频、放大和转发。跳波束控制器的主要作用是对接收到的波束交换时间计划

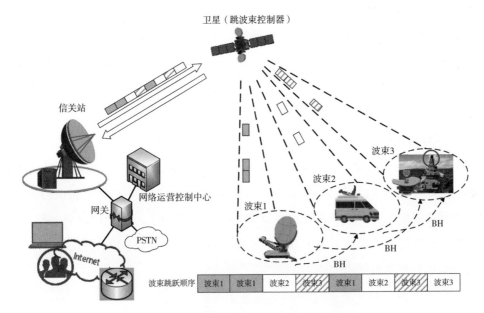

图9-2 跳波束系统前向链路传输的原理图

（BSTP）进行解析，并配合天线将数据流在规定的时间内切换到正确的多个波束上。图9-2所中同一色块的数量表示传输业务量的大小，不同灰度的业务流表示去往不同的波束，经过跳波束控制器后，按时间顺序将波束切换到不同的区域。图中仅给出了一个波束簇内同一时刻单一波束的跳变情况，实际系统中每一个波束簇内可有多个波束同时跳变。跳波束系统多用在宽带卫星的前向链路，即业务流的主要方向。下面以前向链路为例，分析跳波束系统中各个组成部分的作用。

9.1.2.1 网络运营控制中心

网络运营控制中心根据用户的业务请求，统计用户所在位置、波束覆盖区域和请求容量等，根据卫星的载荷能力和信道条件，通过跳波束资源分配算法，生成包含波束跳变数量、驻留时间、跳变周期和切换时间等关键参数在内的BSTP，发送给信关站。

9.1.2.2 信关站

信关站按照网络运营控制中心下发的BSTP，同步在馈电链路依次传输相应波束的业务。

9.1.2.3 跳波束控制器

跳波束控制器将波束跳变指令进行解析，通过开关或波束形成网络，将多波束数据流准确地转发到指定波束下。跳波束是一种时分技术，时间同步对跳波束控制器来说至关重要。对于透明转发器而言，跳波束控制器、信关站、终端之间需要保持准确的时间同步。

9.1.2.4 用户终端站

用户终端站根据接收的波束跳变时间表，在规定时隙内，接收请求的业务数据。地面终端通常使用连续发送的前向链路信号进行时间、频率和相位同步，但在跳波束系统中，终端仅在波束驻留期间接收信号，其他时间无任何信号。因而，跳波束系统中终端需具备突发接收功能，以及没有任何先验信息的情况下，捕获卫星信号并实现同步的能力。

卫星跳波束系统主要的任务是实现在正确的时间以最有效的方式为正确的波束单元提供合适的容量。实现此功能，系统需要具备以下能力：①有效载荷中的跳波束控制器及时地将传输数据流切换到正确的波束；②整个系统（包括信关站、跳波束控制器和用户终端站）进行同步；③地面需要对每个波束的带宽、功率和跳变时间表等资源进行高效规划分配。根据以上功能，卫星跳波束系统实现的关键技术应该包括跳波束控制器的架构设计技术、跳波束波形选择与网同步技术、跳波束资源分配技术。

（1）跳波束控制器的架构设计技术

与常规多波束系统相比，跳波束系统主要多了跳波束控制器和开关矩阵[1]，如图9-3所示。

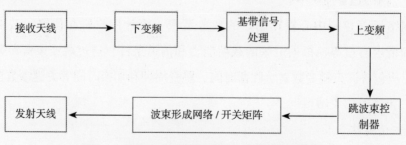

图9-3 跳波束系统前向链路卫星载荷处理流程

跳波束控制器用于解析BSTP，并控制开关矩阵或波束形成网络实现波束的切换。文献[3]在ACTS项目中采用单个行波管（Traveling Wave Tube，TWT）产生单个波束，通过在辐射馈源前加入开关矩阵，利用馈源的选通达到波束跳变的目的，即采用图9-3中跳波束控制器→开关矩阵→发射天线的技术路线。文献[4]在文献[3]的基础上，采用相控阵天线方案，通过波束形成网络中的移相器形成不同的波束，从而实现波束的跳变，即采用图9-3中跳波束控制器→波束形成网络→发射天线的技术路线。两种方案各有侧重：切换馈源的方案，控制器设计简单，但多个馈源只有一个工作，造成一定的资源浪费；相控阵天线方案中，共用多个馈源和功放，提高了星上资源利用率，难点在于波束形成网络设计比较复杂。文献[5]提出了在星上采用两级开关交换的概念，第1级开关矩阵实现多个信关站与波束簇之间的交换，第2级开关矩阵实现任一簇内不同用户波束之间的交换。该方案的优点在于，用户波束与多信关站之间实现了灵活的映射，促进了系统中零冗余信关站的设计并保证所需的可用性，但信关站与用户波束之间的时隙等资源分配复杂度增加。上述分析可以看出，跳波束控制器架构由控制开关矩阵切换馈源向控制波束形成网络来切换波形发展，由单层波束交换向多层波束交换发展。

（2）卫星跳波束系统波形选择与网同步技术

为了使卫星的跳波束功能正常运行，合适的波形起着重要的作用。基于传统DVB-S2/S2X帧结构的跳波束有一些可能性和可用的波形特征。然而，常规帧不能有效和实际地用于跳波束系统。尤其是在VCM/ACM模式下，信关站侧PLFRAME调度将是一项非常具有挑战性的任务，针对BSTP所有切换事件的数据帧调度和时间对齐需要共同解决和优化[6]。超帧比常规帧具有更高的实际可行性，它可以大大简化信关站侧调度和网络同步的复杂性，这是因为超帧分帧解耦了网络同步的两个任务，即分帧与BSTPs的对齐和PLFRAMEs的调度，而常规帧分帧必须是联合优化任务。

超帧（SF）结构在DVB-S2X标准[7]的附件E中提到，作为不同格式特定内容的结构，总体结构如图9-4所示。SF的起始（SOSF）表示一个包含270个符号的长序号，而SF格式指示器（SFFI）字段包含450个符号，该字段提供关于在SF中规范有效的信息。SOSF和SFFI可以一起被利用为720个符号长的固定序列，这使得在信噪比为-10dB的情况下具有强大的检测能力[8]。

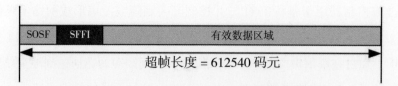

图9-4 根据DVB-S2X附件E设计的超帧的总体结构

从一般的角度来看，可以将612540个符号的静态SF长度视为一种约束，因为它直接决定了波束点亮持续时间的粒度。这种基于SF的粒度似乎相当粗糙，但是显著减少SF长度意味着增加前置开销和保护时间。当系统运行具有良好的宽带传输性能时，点亮持续时间在绝对时间上变得相当短。此外，SF网格还可以使终端同步受益，因为即使在BSTP更新的情况下，SF网格也可以保持相同。最后，由于波束形成灵活，可以通过改变覆盖形状和大小来解决在一个完全SF的服务区中服务单个用户的资源浪费问题。

表9-1给出了不同的SF格式及其用途的概述。

表9-1 SF格式的概述

格式	描述和目的
0	DVB-S2在SFs中嵌入传统帧以提供遗留支持
1	DVB-S2X常规帧包括嵌入SFs中的VLSNR帧
2	用于多输入多输出(MIMO)技术的常规尺寸捆绑的PLFRAMEs
3	用于MIMO技术的捆绑短尺寸PLFRAMEs
4	灵活的格式为宽带通信和VLSNR支持
5～15	留作将来使用

欧空局支持的卫星系统的跳波束模拟器项目通过对完整信号传输链的仿真可以提供跳波束网络的模拟，模拟仿真的结果显示前向链路地面段和用户端的基带设备均能处理突发帧，DVB-S2X Annex-E超帧格式4是最佳的候选波形[9]。

SF格式4支持保护时隙以及灵活的ACM/VCM和低信噪比支持宽带传输，并提供了信令的附加手段。如图9-5中，SF头（SFH）字段和SFH尾部（ST）字段直接位于SFFI之后且特征长度分别为630和90符号。SFH表示SF校准的导频块（Pilot）打开或关闭，PLH保护等级以及一个指向SF中第一个完整PLH的指针。

虽然ST字段可以作为训练数据使用，但到目前为止还没有明确的用途。因

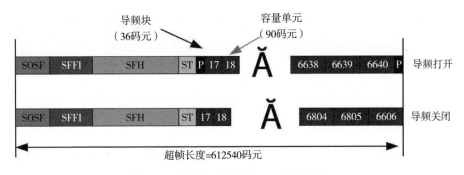

图9-5　依照格式4的DVB-S2X SF结构

此，可以使用ST字段，例如通过选择对应的Walsh Hadamard序列索引0~63来表示实际目标的覆盖ID或波束ID。另外，通过使用尚未定义的PLH指针值0~15，SFH内的指针可以用来调整信号调制器或网络状态的多达16种不同的状态等。这在标准规范中已经预见到，因为这些指针值指的是SF开头的所有信令字段。此外，在波束点亮开始时，第一个PLH将被直接定位在这些信令域之后。例如，可以利用这一点向即将到来的BSTP更改发出信号，以便使终端不进入睡眠模式而是保持活动状态，以检测新的BSTP结构。

　　除了这些潜在的特性之外，所需的保护时间还通过动态SF填充以SF格式4提供支持。这是通过特殊的虚拟帧来完成的：使用任意内容的虚拟帧（时间隙数，TSN=254，标准大小的PLFRAME）或确定性内容的虚拟帧（TSN=255，标准大小的PLFRAME）在点亮结束时用填充数据来终止SF。对于超过一个SF的较长的点亮，SF填充的虚拟帧只在最后一个SF插入以降低开销。这意味着可以在最后一个SF的末端插入尽可能多的虚拟数据，以满足几乎任何保护时间的要求，例如，取决于网络同步状态。为了使开销最小化和微调，虚拟符号的数量也可以保持尽可能小。这种动态填充长度允许调制器根据实际符号速率、波束切换抖动和过渡特性以及网络同步精度保留尽可能多的保护时间。由于特殊的虚拟帧在SF的末端自动终止，正如格式0和1所观察到的那样，没有无用的虚拟帧数据溢出到下一个SF，传输到另一个服务区域。尽管所有的SF格式都满足基本要求，但格式4在其当前规范中已经为虚拟数据插入提供了非常高的灵活性，以满足几乎所有的保护时间，并支持其他特性，如波束ID信号或网络状态或BSTP更新公告。

　　跳波束系统的一个特殊的挑战来自要求同步信关站到卫星BSTP的传输，以使信关站传输的用户数据帧正确到达预定服务区域内。因此必须做到信关站、卫星、终端三者同步，才能实现波束的跳变，保证该技术的工程可行性。同时由于系统采用"跳波束"的工作模式，用户与卫星不具备持续连通的下行通道，因此除了常规的TDM系统同步技术外，系统还采用了多种方法和措施，从多个层次保证了全网的时间同步和用户的高效接入[10]。

① 在业务帧层面上，为避免超帧长度较长带来的同步困难问题，在数据字段周期性的插入导频块，辅助终端进行同步。

② 在链路层面上，由于控制信令与业务超帧的帧头结构相同，但长度大大缩短，因此可利用控制信令引导业务载波快速同步，具体如下：

a. 在控制与业务相分离的接入策略中，控制波束的信号由全球波束播发，因而用户终端可以持续接收控制波束信号，并完成对其载波的捕获、跟踪。当用户终端接收到业务信号后，控制波束信号载波同步环路的跟踪频率可牵引业务信号的跟踪环路，完成业务信号的载波快速同步。

b. 在控制随业务波束的接入策略中，通过设计跳波束图案中的波束重访时间，使无业务需求非热点区域的用户也能周期性地与系统进行信令交互，进而完成用户终端的同步，待有业务传输时，能够快速地进行载波同步。

③ 在系统层面上，信关站、卫星、终端三者都严格按照NOCC生成的BHTP跳波束时间计划表进行工作。信关站按照BHTP信令在馈电链路依次传输相应波束的业务，卫星解析BHTP信令完成波束的同步切换，用户终端遵循BHTP信令在指定时隙内完成业务的收发。

（3）卫星跳波束资源分配技术

卫星跳波束系统资源分配算法主要围绕带宽、功率、时隙分配等方面，以减小系统的共信道干扰并以其他条件为约束，实现最大的资源利用率（即系统提供的总容量接近客户需求容量）的优化目标，建立模型并求解。

制约多波束卫星系统通信容量的重要因素之一是共信道干扰（CCI，Co-channel Interference），多波束卫星所有波束同时工作，使用相同频段的波束之间会相互干扰，使得通信速率下降。而跳波束采用时间分片的方式，在每一时刻仅有几个波束工作，大大减轻了CCI的问题。但是，这并不意味着跳波束卫星系统不存在CCI问题。跳波束卫星系统每个波束可使用卫星整个带宽（也可以使用部分带宽），若同一时隙内同时点亮的波束数较多或者相邻的两个波束在同一时隙内被点亮且频段有重叠，CCI问题依然严重。因此，在跳波束卫星系统资源分配的优化算法中，CCI也是一个非常重要的考量因素。

在多波束卫星系统中，波束赋形天线在覆盖区域内生成M个点波束，总带宽为B_{tot}，采用跳波束技术将系统总带宽以时隙为单位分配给各个波束。设卫星给各个波束（小区）的容量$R_i^{[10]}$定义：

$$Ri = \frac{B_{tot}}{W} \sum_{j=1}^{W} T_{ij} \log_2(1 + SINR_i^j) \qquad (9.1)$$

其中，W为跳波束时间窗口总长度，$W=T/Ts$（最小时隙分配单元为Ts，跳波束时间周期为T）；$T_{ij} \in \{0,1\}$表示波束i在跳波束周期的第j时隙内被点亮（$T_{ij}=1$）或者不被点亮（$T_{ij}=0$）；$SINR$表示波束i在时隙j内的信干噪比。

现有的跳波束卫星系统资源分配算法（以下简称分配算法）中，根据分配算法的目标函数和是否考虑CCI，可以将分配算法做个简单的梳理，如表9-2所示。

表9-2 卫星跳波束资源分配算法分类

目标函数	是否考虑CCI	算法类型	备注
$\max \sum_{i=1}^{M} \min(R_i, \hat{R}_i)$			
$\min \sum_{i=1}^{M} \max(\hat{R}_i - R_i, 0)$	是	启发式算法	GA GA–NS–ILS
$\min \sum_{i=1}^{M} \lvert \hat{R}_i - R_i \rvert$			
$\max \dfrac{\sum_{i=1}^{M} \min(R_i, \hat{R}_i)}{\sum_{i=1}^{M} \hat{R}_i}$	是	迭代式算法	minCCI maxSINR
$\min \sum_{i=1}^{M} \lvert R_i - \hat{R}_i \rvert^n$			
$\max \prod_{i=1}^{M} \left(\dfrac{R_i}{\hat{R}_i}\right)^{w_f}$	是	凸优化算法	

上表中$\hat{R}_i$为每个小区的容量需求，W_i为每个波束优先级代表的权重，$|\cdot|$表示取绝对值运算。

①启发式算法

文献[12]提出了将遗传算法（GA）用于跳波束卫星资源分配优化，该分配算法的优点之一在于每个波束使用部分频带，可以在一定程度上提供带宽分配的灵活性。但是缺点也很明显，其功率是均匀分配的，若再考虑功率的灵活性，算法解空间的维度进一步增加，算法初始种群的选择对最终结果影响很大，很有可能陷入局部最优解。为了避免遗传算法陷入局部最优解，文献[13]在遗传算法的基础上再增加了两个步骤，依次为邻域空间搜索（NS, Neighborhood Search）和迭代的局部搜索（ILS, Iterated Local Search）。算法组合的特性导致其计算时效性低[14]，不适合地面业务量动态变化比较快的场景。

②迭代算法

文献[15-17]着眼于CCI对跳波束卫星系统资源分配的影响，提出了minCCI 和 maxSINR两种迭代算法来实现卫星资源分配与地面业务需求的匹配，minCCI是考虑到当同一时隙点亮的波束之间彼此相隔较远时，CCI的程度可以大大减轻，由此可以提高波束内的SINR，进而提高波束容量。maxSINR的目的则是直接最大化各个波束的SINR来达到提高波束容量。上述的两种迭代算法都存在计算量大、计算耗时长的问题，不适用于实时匹配地面业务动态变化的场景。

③凸优化算法

若跳波束方案导致的CCI影响程度较小（比如，同一时隙内允许的点亮的最大波束数N_{max}较小），则可以不考虑CCI的影响。文献[18]提出了两种未考虑CCI的目标函数，并用凸优化算法求得闭式解。文献[19]使用凸优化算法对目标函数初次求解，考虑到目标函数的特性以及时隙分配的整数要求，时隙会存在剩余，以资源约束为限制，使用组合算法完成时隙的再分配，进一步提高时隙资源利用效率，使实际分配的容量可以更好地满足容量的动态需求。

9.1.3 发展趋势

跳波束卫星系统具有更好的灵活性以及更高的资源利用效率，能够很好地适应地面用户的不均匀分布和通信业务的动态变化，在未来卫星通信网络中拥有巨大的应用前景。跳波束技术结合人工智能等新兴技术将是未来的发展趋势。

9.1.3.1　智能天线+跳波束技术

天线作为跳波束系统中的执行单元，实现了波束"指哪跳哪"的功能。从单馈源天线到自适应阵列天线，天线的智能化拓展了跳波束系统的感知和跳变能力。通过智能天线对信源的定位、信道的感知以及目标的自适应跟踪能力，跳波束系统可以自适应地选择最佳的链路、波束尺寸和形状，躲避干扰，实现对陆、海、空等移动目标连续与突发业务的服务能力。因而，智能天线+跳波束技术，将使波束跳的"更准确、更明智"。

9.1.3.2　智能信关站+跳波束技术

为了充分利用带宽资源，实现大容量传输，跳波束系统的信关站及馈电链路采用Q/V频段。但Q/V频段雨衰较大，为确保业务的无损落地，需要采用智能信关站的方案。因此，在VHTS系统架构设计时，不但需要考虑解决馈电链路雨率过大的问题，同时又要考虑解决不同覆盖区用户流量需求不均的问题，这需要将智能信关站分集接收技术与跳波束技术有机地结合在一起，设计一种性价比最优的系统体系架构和通信体制。

9.1.3.3　人工智能+跳波束技术

资源分配规划是实现跳波束系统"何时跳到何地"的重要前提，高通量技术的发展使得多信关站、多波束簇、多终端的跳波束资源分配变得极其复杂。人工智能技术具有强大的动态决策与规划能力。人工智能+跳波束技术将使得跳波束系统的资源分配由单一资源、单一层级、静态的分配，向着空间、时间、频率、功率、带宽、波束尺寸等多个维度联合、多层级、动态的分配发展。因此，人工智能+跳波束技术将使波束跳得"更高效、更智能"。

9.2　软件定义卫星技术

9.2.1　概述

在全球互联网卫星热潮下，通信卫星技术迎来了井喷式发展，国内外运营商纷纷着眼于卫星的智能化转型，探寻具有成本竞争力的新型卫星设计技术以应对客户日新月异的产品应用需求和价格预期。软件定义思路通过软件给硬件赋能，提供智能化、定制化的服务，使应用软件与硬件的深度耦合，因此需求可定义、硬件可重组、软件可升级、功能可重构的软件定义卫星愈发引起各国卫星研制人员关注。

发展软件定义卫星技术，一方面，采取开放可重构体系结构，实现卫星系统资源的动态组织、调度和重构，可以极大地缩短研发周期、降低研发成本；另一方面，研究分布式计算环境、软件定义载荷设计、智能信息处理技术，实现更加高效的卫星信息交换与分发、空间快速响应、数据传输处理。

9.2.2　原理及关键技术分析

软件定义卫星的核心是天基超算平台和星载操作环境。天基超算平台具有强大的计算能力和丰富的接口形式，可动态集成传感器、执行器、通信器等各类有效载荷；星载操作环境具备强大的容错能力，并对上屏蔽底层硬件细节，为应用程序提供一致的执行环境，支持各类软件组件、硬件部件的即插即用和动态配置。

天基超算平台和星载操作环境对外提供计算服务、存储服务和信息交换服务，支持硬件载荷的动态重组、软件应用的动态重配，从而可以通过灵活增加、减少、改变系统的软硬件组成，动态构建出能够满足各种任务需求的卫星系统，进而完成复杂多变的空间任务。

由于采用了开放系统架构，因此符合标准的软件组件和硬件部件可以在不同卫星平台之间平滑迁移、无缝接入和灵活重用，可以灵活方便地扩充整个卫星系统的能力，并最大程度地保证卫星内部和卫星之间的互操作性。就像个人电脑的通用性一样，在保证经济可承受性的前提下，通过充分利用现有外设，即可方便地扩充系统能力。为了完成不同的空间任务，往往需要对卫星系统的资源进行动态组织、调度和重构，并且需要进行大量的在轨智能信息处理和实时数据处理，因此，软件定义卫星的软件密集度也将与日俱增。

综上所述，软件定义卫星是以天基操作平台和星载操作环境为核心的开放式系统，可配备多种有效载荷、可加载丰富的应用软件，能够实现动态功能重构，能够完成不同的空间任务，其概念内涵如图9-6所示[20]。

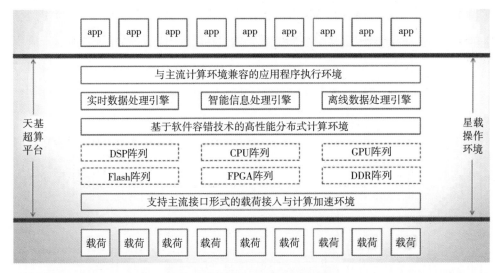

图9-6 软件定义卫星的概念内涵

从软件定义卫星的进程来看，数据资源、运算能力、核心算法共同发展，掀起软件定义卫星新浪潮。为了构建真正意义上需求可定义、硬件可重组、软件可重配、功能可重构的软件定义卫星系统，软件定义卫星主要有以下几方面技术需要重点突破。

9.2.2.1 软件定义卫星体系架构设计

设计软件定义卫星可重构的体系架构以通用计算平台为核心，通过接入不同的有效载荷，加载不同的App，即可快速重构出具有不同功能的卫星系统。

软件定义卫星是软件定义无线电技术在天基领域的应用，与软件定义无线电类似，即相同的载荷硬件设备通过"软件定义"实现不同的功能。传统卫星覆盖通信、导航、遥感卫星等多个体系，随着航天市场的逐步开放，卫星市场的"成本"与"效能"受到世界各国科研人员的重视。航天领域具有需要适用各种难度的空间任务、降低开发时间和部署成本、延长卫星设备使用寿命、增强卫星设备的可靠性并以最小的代价来适应新技术的应用、支持与已有系统的互操作、支持应用在不用平台之间的可移植性等特点。软件定义卫星突破了传统卫星研制的瓶颈，可实现射频部分的数字化、可编程、可软件定义，从而适用多种工作频率。传统卫星仅能接收和发射经设计的特定频点信号，软件定义卫星可采用宽带接收天线，实现多个频点的信号接收和发射。

软件定义卫星的体系结构需要满足需求可定义、硬件可重组、软件可重配、功能可重构，因此软件定义卫星的体系架构包括4个组成部分如图9-7所示：应用服务器（Application Server）、载荷服务器（Instruments Server）、数据交换引擎（Data Exchange Engine）和存储服务器（Storage Server）。

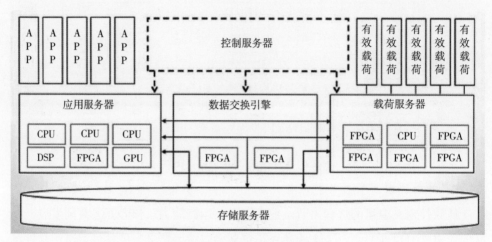

图9-7　软件定义卫星体系架构

软件定义卫星体系架构中关键组成要素：

（1）应用服务器（Application Server）：支持符合标准的软件组件的即插即用和按需执行。

（2）载荷服务器（Instruments Server）：支持符合标准的硬件部件的热插拔和按需配置。

（3）数据交换引擎（Data Exchange Engine）：可根据需要完成有效载荷、存储设备、应用程序之间的高速信息交换与分发。

（4）存储服务器（Storage Server）：实现对卫星平台数据、有效载荷数据的永久性可靠存储和临时性高速存储。

从其体系架构和概念内涵可以看出，软件定义卫星不但和地面主流计算环境保持了最大程度的兼容，而且内部模块划分科学合理、功能界面清晰，可以最大程度地保证标准部件的互换性。与传统卫星大多属于封闭系统不同，软件定义卫星的可重构体系结构需要高效的即插即用技术，实现空间快速响应；需要强大的分布式计算能力，实现卫星信息交换与分发；需要高速的通信处理能力，实现卫星数据存储。

9.2.2.2　基于软件容错技术的高性能分布式计算环境

软件定义卫星的星载操作环境包括"有效载荷接入和计算加速环境""基于软件容错技术的高性能分布式计算环境""与地面主流计算环境兼容的应用程序执行环境"。其中有效载荷接入和计算加速环境以FPGA为主，用于提供有效载荷接入所需要的各种接口，并承担计算密集型载荷数据预处理算法的计算加速、实时性要求高的控制密集型算法的实时性保障，而IO密集型的数据交换任务主要由数据交换引擎承担。与地面主流计算环境兼容的应用程序执行环境用于支撑星载App的动态加载、执行和调度。基于软件容错技术的高性能分布式计算环境是整个星载操作环境的核心，其作用相当于操作系统，用于管理CPU计算阵列、Flash存储阵列、FPGA计算和交换阵列、DSP计算阵列、GPU计算阵列等硬件资源池。除了资源调度之外，其主要功能还包括检测硬件故障、隔离硬件故障、修复硬件故障，可提供连续有效的可靠计算服务、存储服务和交换服务。

为了能够更好地与地面网络及设备实现互联互通，并且可以使用成本更为经济的商用设备，天基超算平台建议采用以太网标准的开放式互联架构，可以集成各类异构计算节点和存储节点。计算节点的拓扑结构灵活可变，可根据功能需求进行定义和重构，为应用程序组件的灵活部署提供良好的支持。

9.2.2.3　基于模块的软件定义载荷设计

软件定义有效载荷也是软件定义卫星的关键技术之一，其指导思想是接口标准化、硬件最小化、软件最大化，尽可能以软件形式实现载荷的功能，并将这部分软件从载荷内部迁移到天基超算平台之上。通过提高相关算法的通用性、提高相关软件（含可以配置到FPGA中的IP核资源）的复用度，可以不断缩短有效载荷的研制周期、降低有效载荷的研制成本。通过公开底层硬件细节，鼓励第三方参与有效载荷软件的研发，将逐步推动有效载荷向开放式、模块化、可重配、自适应的方向发展。

应用程序组件数量众多、功能丰富，既可以实现计算资源、存储资源、交换资源的调度与管理，也可以完成有效载荷接入和载荷数据的预处理、智能信息处理，还可以参与卫星状态信息分析和有效载荷数据的综合处理等。

为了做到应用程序组件的即插即用，必须制订统一的规范，约束各种应用程序组件的设计、开发、测试、验证、认证等工作，建立航天应用商店，对应用程序组件的入库、变更、发布、使用进行规范化管理。

从星载载荷系统的发展趋势来看，灵活载荷技术是支持软件定义卫星技术发展重要的技术方向，随着高吞吐量卫星系统的快速发展，软件定义载荷技术是促进未来通信卫星系统实现波束覆盖灵活性的关键。软件定义载荷技术具有以下几方面技术优势：

（1）无缝支持多种通信标准。传统的无线通信标准互不兼容、相互独立，例如通用分组业务（GPRS）、通用移动通信系统（UMTS）、广域网（WLAN）和局域网（LAN）等，对不同的标准需要使用专用的硬件，空间信息系统也是如此。而软件定义载荷技术具有强大的控制功能和软件兼容性，无缝支持各种通信标准。

（2）灵活提供各种级别和类型的服务。可以根据用户需求提供不同类型的服务和不同等级的服务质量。SDR 技术可以通过修改服务参数（如数据传输速率、编码和解码方式）或重构服务功能，实现功能和服务类型的重构。

（3）降低设备采购成本。可购性是未来商业和军事等所有太空项目都需要考虑的重要问题。传统接口设计需要适应每一个项目的特殊要求，而软件定义载荷接口具有通用化和标准化的特点，可以降低重复设计的成本，同时缩短开发周期。相比于昂贵的专用硬件开发，软件开发方法对厂商更合算，用户也不需要购买不同的设备来提供不同的功能，软件定义载荷技术为通用和不过时的解决方案提供了灵活性。

通过对载荷可能功能的梳理，提炼成若干功能模块，按照组合化思路构建系统软件体系，方便功能裁剪、设计验证、分块测试。

9.2.2.4 软件定义卫星智能信息处理技术

通信卫星在模拟和数字波束成形网络选择上的不同，即对载荷的灵活性产生较大影响。事实上，从地面通信系统的发展情况来看，数字化技术在信号传输、处理方面的兼容性、灵活性和经济性都要明显优于模拟系统，而在生产制造方面，数字系统的重复生产要比模拟系统容易得多[21]。对于卫星而言，传统的透明转发式载荷由于仅对信号做滤波、变频、放大等操作，采用数字化方案的优势并不明显，但随着星上处理要求的不断增加，如调制解调、编码译码、变频和滤波等功能也都可以通过数字信号处理器完成，这样原来需要用多个硬件设备实现的功能模块就可以集成在一个硬件平台上实现，大幅减少硬件规模，节约星上质量消耗，提升系统效率。此外，数字信号处理芯片的处理能力也更强，下一代星载数字处理器将能支持数百个GHz的通信容量，也将支持载荷实现更好的灵活效果。

软件定义测控数字处理技术也是软件定义卫星的关键技术之一[22]，其指导思想是接口标准化、硬件最小化、软件最大化，尽可能以软件形式实现测控数字处理技术的功能，并将这部分软件从测控数字处理技术内部迁移到天基超算平台之上。通过提高相关算法的通用性、提高相关软件（含FPGA中的IP核资源）的复用度，可以不断缩短测控数字处理技术的研制周期、降低测控数字处理技术的研制成本。

9.2.3　发展趋势

软件定义卫星发展趋势：

（1）卫星体系结构已经逐渐转变为开放系统架构，支持有效载荷即插即用、应用软件按需加载、系统功能按需重构。对于开放可重构体系结构来讲，无论是技术还是设计理念都与以往不同，需要不断研究新技术，找到通信、人工智能等领域先进技术的结合点，充分发挥开放可重构体系结构的优势。推出卫星体系结构新的设计标准，促进开放可重构体系结构更好更快地发展。

（2）分布式计算是当今社会信息技术飞速发展的必然产物，合理、有效地利用分布式计算技术能够降低计算运维成本、合理利用网络限制资源。因此积极研究高性能分布式计算技术，包括中间件技术、网格化技术、点对点技术将会是未来软件定义卫星研究的热点。

（3）积极结合人工智能技术，增强软件定义卫星的信息处理能力，实现卫星智能信息处理，可根据需要完成有效载荷、存储设备、应用程序之间的高速信息交换和分发。通过研究软件定义卫星"实时数据处理引擎"，以支持在轨实时数据处理任务；研究"智能信息处理引擎"，以支持在轨智能信息数据任务；研究"离线数据处理引擎"，以支持无实时性要求的一般性后台数据处理任务。

9.3 卫星与地面网络5G融合技术

9.3.1 概述

为了满足未来对全球随遇接入与广域万物智联的需求，保障用户服务的连续性与一致性体验，在5G时代，各行各业都在推动地面移动通信网络与卫星通信网络的融合[20]。以3GPP、ITU 、SaT5G联盟（由国际卫星运营商SES、萨利大学等16家企业及研究机构组成）等为代表的国际组织正积极探索卫星通信与5G无缝集成的最佳方案。

第三代合作伙伴计划（3GPP）从R 14阶段就开始研究卫星网络与地面5G网络融合的问题，试图制订用于规范地面移动通信网络和卫星通信网络的统一标准；在R 15阶段的TS38.821中初步定义了基于透明转发模式和基于星载基站模式的卫星5G网络架构模型[24]，并且评估了不同网络架构下的端到端协议栈分割问题；R 16版本进一步增强了基于服务的架构（SBA）中网元部署的灵活性，拟形成融合架构标准规范[25]；作为5G标准的第三阶段，R 17除了进一步增强R 15和R 16阶段制订的特定技术外，对在非地面网络中部署5G新空口需要做的适应性修改进行了讨论，包括由于卫星等空间飞行器的移动性带来的切换和寻呼问题、定时提前的调整、下行链路同步等问题。

国际电信联盟（ITU）于2016 年启动了一个旨在将卫星通信系统集成到下一代接入技术（NGAT）的研究项目[26]，该项目主要讨论卫星网络集成的关键要素和为NGAT 设想的用户案例，提出卫星通信网络与地面5G移动通信网络融合的4种应用场景，即中继传输、动中通、小区回传与广播分发、混合多媒体业务，并提出支持这些场景必须考虑的关键因素，包括多播支持、智能路由支持、动态缓存管理及自适应流支持、延时、一致的服务质量、NFV（Network Function Virtualization，网络功能虚拟化）/SDN（Software Defined Network，软件定义网络）兼容、商业模式的灵活性等。

欧盟H2020 5GPPP 在第二阶段资助了Sat5G 项目[27]，旨在评估与5G网络融合的卫星接入网络体系结构、验证关键技术等。为实现上述目标，Sat5G 定义了4种卫星5G的应用场景，一是网络边缘多媒体内容的传输，通过多播或广播方式向网络边缘节点提供在线的视频流媒体内容、IoT数据等；二是5G固定网络回程传输，主要面向地面网络部署困难的偏远和乡村地区的蜂窝移动基站，扩大覆盖和连接范围；三是面向房屋、家庭用户或者小蜂窝基站提供直接的宽带连接服务；四是5G移动载体平台的中继传输服务，主要是面向飞机、轮船和高铁等场景的用户直接提供移动宽带通信服务或为地面5G网络提供补充。2018年，SES公司利用其Astra-2F卫星成功演示验证了卫星提供5G网络蜂窝回程传输以及多媒体内容高效边缘传送等应用，将为探索5G环境下的星地融合方案提供重要支撑。

尽管3GPP、ITU、Sat5G等国际组织初步探索了卫星通信网络与5G移动通信网络的融合技术，然而目前卫星5G网络的融合整体上仍然处于起步阶段。只有实现不同网络的优势互补，相互赋能，在网络架构、技术体制、资源管理、业务应用等方面进行深层次系统融合，才能实现用户无感知的一致服务体验，满足用户随遇接入的多样性业务需求。

9.3.2　原理与关键技术分析

卫星5G融合网络以地面网络为依托，以天基网络为拓展，按照星间组网、天地互联的思路，基于统一的技术架构、统一的协议体制、统一的基础平台进行系统架构设计。如图9-8所示，卫星5G融合网络由天基网络、地基网络以及用户终端组成[28]。

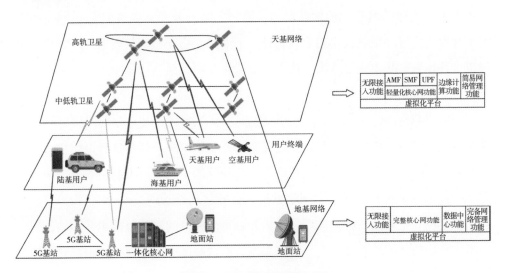

图9-8　卫星5G融合网络架构

①天基网络包括高轨卫星、中低轨卫星等运行于不同轨道面的卫星星座，负责数据的接收、处理与转发；用户接入链路、星间链路以及馈电链路采用微波、激光等技术实现互联互通；卫星星座主要用于满足远洋、荒漠、高空等地面网络覆盖盲区的用户通信需求。

②地基网络包括5G基站、卫星地面站、一体化核心网等基础设施；一体化核心网是卫星5G融合网络的核心，负责整个网络资源的统一调度与规划；为了减少传输时延，卫星地面站和一体化核心网通常在物理上合成部署。

③用户终端包括海基、陆基、空基、天基等不同类型的用户，采用统一的空口传输协议在卫星接入节点和地面基站之间灵活切换。

目前，5G核心网采用微服务架构，提高了功能网元部署的灵活性以及开发演进速度。因此，为了满足不同场景下的业务需求，卫星5G融合网络以服务为中心，采用基于容器或虚拟机的微服务功能部署架构，即将传统复杂的单体功能网元解耦，并基于软件定义网络（SDN）/网络功能虚拟化（NFV）技术，将微服务功能网元部署在虚拟化平台上，从而支持网元的相互隔离和动态部署，增强网络适应能力及鲁棒性。图9-8中地基节点、中低轨卫星节点、高轨卫星节点均部署虚拟化通用平台，并分别按照业务需求特性和载荷资源限制动态部署无线接入功能、边缘计算功能、核心网功能及网络管理功能，保障不同服务等级协议（SLA），以使网络综合效能达到最优。

由于卫星通信网络和地面移动通信网络之间的差异，实现卫星5G网络的深度融合需要进行一系列技术适应性设计，下面以网络无缝切换技术、一体化空中接口设计技术、非正交多址接入技术、虚拟化技术为例进行说明。

（1）网络无缝切换技术

面向卫星5G融合网络的多重立体覆盖，用户终端可以充分利用卫星网络的广覆盖优势和地面网络的低时延传输优势，在星地网络之间按需自由切换。对于GEO卫星，由于卫星相对于地面是静态的，并且每个卫星波束的覆盖范围相对固定，所以可以采用与地面移动通信系统相似的移动性管理技术；对于LEO卫星，由于卫星相对于地面的移动速度较快，并且每个波束的覆盖范围也在移动，因此应考虑特定的移动性管理方案，比如采用高低轨协同的组网架构，由高轨卫星上的gNB-CU控制多个低轨卫星上的gNB-DU，可大幅度扩大gNB-CU的覆盖范围，减小切换时延和信令开销。为了进一步提高切换成功率，在切换过程中还需要考虑的关键技术：

①基于星历信息的切换技术，针对卫星移动轨迹可知等特点，通过提取卫星的星历信息，准确判断出每个波束的过顶时间，进而对用户终端的切换时机进行预判，以减小切换时延。

②基于用户终端定位的切换技术，在地面基站覆盖小区中，无线资源管理（RRM）测量值和用户终端距离基站的位置有直接的关系，通常把RRM测量值作为切换判决条件；然而星地之间的传输距离较远，卫星覆盖小区内的远近效应不明显，因此用户终端位置对于切换判决至关重要，与RRM测量值一同作为切换判决条件，从而提高边缘用户服务质量的一致性。

③基于双连接的软切换技术，当用户终端有切换需求时，可以在与源基站维持连接的同时，向目标基站发起接入请求，当成功接入目标基站后再与源基站断开连接，从而提高切换平滑度，降低由切换过程导致的丢包率。

（2）一体化空中接口设计技术

通信兼容性要求同一设备能在卫星和地面通信网络中通用，需要重新设计空中接口和两者的物理层，从而保证用户终端具有相同的使用频率和基带芯片，这需解决的关键问题：

① 低信噪比

通信卫星的一个主要特点是其功耗、重量、体积等各方面因素均受限制。有限的功率资源和天线尺寸，使得通信卫星的发射功率较低，且收发天线增益较小；因此卫星链路的接收端通常需要能够工作在低信噪比环境下。

② 长时延

长传输时延是卫星通信的固有缺陷，对时间同步造成一定的挑战。另外，由于OFDM通信系统对频偏非常敏感，而卫星链路还会产生较大的频率偏差，这对低轨卫星通信系统产生严重影响。

③ 多普勒频移大

低轨卫星较高的相对运动速度反映到信号层面则表现为强多普勒效应，即接收信号存在较大的载波频率偏移，会降低信号传输的可靠度，因此在编码、调制、信道估计等多个环节都需要检测估计出多普勒频移信息，对其进行补偿。

为了实现地面终端一体化、小型化，卫星与地面5G空中接口将逐步趋向融合，非正交多址及多载波传输等技术在卫星通信中的应用将成为未来一段时间内的研究热点，但受限于星上功率、处理能力以及星地链路长延时、大动态等特点，5G新空口在卫星系统中适应性改造及优化是需要解决的主要问题。

①多址技术：由于小卫星系统载荷功率受限以及传输环境与地面系统有类似多径特性，采用5G标准中的非正交多址接入（SCMA），其在频率域、时间域和空间域等物理资源上，引入了功率域、码域，提高系统接入容量，同时可在接收端采用了近似最优的消息传递算法，提高通信性能。

②波形设计：针对卫星通信信道的非线性特点，5G标准中的基于正交频分复用（OFDM）的传输波形，引入高的峰均比，造成卫星系统比较严重的非线性失真和频谱扩散。因此，需研究一种适合卫星系统的波形。

③调制方式：5G标准采用阶数较高的正交幅度调制（QAM）方式。针对卫星通信系统中频率资源紧缺和信道环境比较复杂的特点，可采用频率利用效率更高的振幅移相键控（APSK）调制方式。同时，APSK调制方式相比QAM调制方式的幅度变化更少，更加适合应用于非线性信道特点的卫星通信系统。

④MIMO技术：由于低轨卫星通信系统中卫星信道的复杂性以及卫星的高速运动引入严重的多普勒效应，导致传输信号产生衰落严重、失真、甚至信号中断问题，因此，可将5G标准中的MIMO技术，应用于低轨卫星，采用协作MIMO技术，利用分集优势抵抗衰落，有效降低了中断概率，达到卫星系统的稳定高效传输的目的。

（3）非正交多址接入技术

在大规模物联业务场景中，为了在有限资源的条件下解决海量用户的数据传输问题，并且解决当前基于授权的随机接入机制由于复杂的握手过程导致的低访问效率和高等待时间的问题，需要设计适用于卫星5G融合网络的免授权多址接入技术。在5G NR中，非正交多址接入（NOMA）技术近年受到广泛的关注，NOMA技术允许在同一块资源上承载多个用户，与正交多址接入技术相比较，有更高的资源"过载率"。同时，免授权接入机制可以让用户端按需主动进行数据传输，无须事先发起上行传输资源申请，并且不必等待响应。因此，在上行传输过程中，当使用基于免授权的NOMA技术时，可显著节约信令开销，提高系统容量，降低接入时延，适用于信道接入时延较长的卫星网络应用场景。

非正交多址技术可以提升卫星通信的频谱利用率（相比OFDM）。目前，该技术主要包括功率域方案以及码域的稀疏码多址接入（SCMA）。在星地融合空中接口上，功率域方案不易实施，码域方案是较为可行的实现途径。码本设计是非正交多址接入（SCMA）的核心。多个用户码字在相同信道资源上复用传输，实现多用户共享接入。

由于星上处理能力有限，低复杂度多址算法设计是需要突破的主要技术问题，因此，好的SCMA码本不仅能够提高SCMA系统性能，而且结合先进的具有针对性的译码算法，能够降低译码复杂度。

SCMA码本设计作为SCMA系统关键技术之一备受业界关注。如何对码本进行优化，使得在不增加系统开销的情况下，尽可能地提高系统性能也成为目前研究的热点。

（4）虚拟化技术

为了满足多样性业务需求，卫星5G融合网络采用与地面5G移动通信网络一致的微服务架构，将复杂单体解耦成模块化微服务，基于SDN/NFV技术将微服务网元分别部署在不同的容器/虚拟机中，从而实现系统功能按需加载和重新定义。对于时延要求高的业务，可将核心网侧的用户面功能网元简化下沉到用户接入侧，减小回传链路带来的长时延；同时可将数据的存储和计算能力从远端的网络中心移动到网络边缘以支持流量本地化处理。然而，虚拟化技术的应用需要具有较强数据处理能力的卫星载荷平台的支持。受限于卫星平台的负载能力，无法将所有网络功能都放置在卫星节点上。例如，当仅在卫星上部署用户平面数据转发锚点（UPF）时，可以减少来自用户平面的传输延迟，但是来自控制平面的传输延迟类似于弯管卫星的传输延迟。因此，如何为卫星设计合适的处理功能以在卫星负载压力和通信网络性能之间取得平衡是另一个挑战。

9.3.3 发展趋势

卫星与地面5G网络的融合是未来5～10年通信卫星领域的重大技术发展方向。卫星通信在覆盖、可靠性及灵活性方面的优势能够弥补地面移动通信的不足，卫星通信与地面5G的融合能够为用户提供更为可靠的一致性服务体验，降低运营商网络部署成本，连通空、天、地、海多维空间，形成一体化的泛在网络格局。

从技术方面来看，"卫星+5G网络"未来发展趋势如下：

（1）卫星与5G的融合架构既有透明弯管转发模式，也有星上接入/处理模式，两种模式在实现复杂度和应用场景上均不相同，长期来看，将地面基站的部分或全部功能逐步迁移到星上是发展趋势，能够有效降低处理延时、提高用户体验。

（2）为了实现地面终端一体化、小型化，卫星与地面5G的空中接口将逐步趋向融合，非正交多址及多载波传输等技术在卫星通信中的应用将成为未来一段时间内的研究热点，但是受限于星上功率、处理能力以及星地链路长延时、大动态等特点，5G新空口在卫星系统中的适应性改造及优化是需要解决的主要问题。

（3）星地网络全IP化是大势所趋，NFV/SDN等技术在星地融合中发挥突出作用，重点需要解决网络功能的星地分割问题。

（4）频率资源仍是制约星地融合的主要瓶颈，随着低轨星座的大面积部署，频率冲突的问题将愈发严重，探索星地频率规划及频率复用新技术是需要解决的首要问题。

从应用角度来看，星地网络由竞争走向合作，卫星网络以提供回程服务、基站拉远等方式成为地面网络的补充，合作共赢的星地融合新商业模式正在兴起，未来前景广阔。

参考文献

[1] CHEN S, SUN S, KANG S. System Integration of Terrestrial Mobile Communication and Satellite Communication-the Trends, Challenges and Key Technologies in B5G and 6G[J]. China Communications, 2020, 17 (12): 156-171.

[2] 李聪，何雯，王一帆. 关于卫星跳波束系统的几点思考[J]. 空间电子技术, 2021, (1): 8-13.

[3] Regier F A. The ACTS multibeam antenna[J], IEEE Transactions on Microwave Theory andTechniques, 1992, 40 (6): 21-27.

[4] Angeletti P, et al. Beam hopping in multi-beam rroadband satellite systems: system performance and payload architecture analysis[C]//Proc of the AIAA, San Diego, 2006.

[5] Kyrgiazos A, Evans B, Thompson P. Smart gateways designs with time switched feeders and

beam hopping user links[C]//8th Advanced Satellite Multimedia Systems Conference and the 14th Signal Processing for Space Communications Workshop（ASMS /SPSC）, Palma, 2016.

[6] Sharma S K, Chatzinotas S, Arapoglou P−D. Satellite Communications in the 5G Era. The Institution of Engineering and Technology. 2018.

[7] "ETSI EN 302 307−2: Digital video broadcasting （DVB）; second generation framing structure, channel coding and modulation systems for broadcasting, interactive services, news gathering and other broadband satellite applications; Part 2: DVB−S2 extensions （DVB− S2X）," ETSI, European Telecommunications Standards Institute Std., Rev. 1.1.1, Oct. 2014.

[8] C. Rohde, H. Stadali, and S. Lipp, "Flexible Synchronization Concept for DVB−S2X Super− Framing in Very Low SNR Reception," in Proc. 21st Ka and Broadband Communications Conference, Bologna, Italy, Oct. 2015.

[9] "Beam Hopping Emulator for Satellite Systems," ESA, 2018. [Online]. Available: https:// artes.esa.int/projects/behop.

[10] 张晨, 张更新, 王显煜. 基于跳波束的新一代高通量卫星通信系统设计[J]. 通信学报, 2020, 41（7）: 59−72.

[11] 唐璟宇, 李广侠, 边东明, 等. 卫星跳波束资源分配综述[J]. 移动通信, 2019, 43 （5）: 21−26.

[12] Angeletti P, Prim F D, Rinaldo R. Beam Hopping in Multi−Beam Broadband Satellite Systems: System Performance and Payload Architecture Analysis[C]//Proceedings of the AIAA. 2006: 1−10.

[13] Alegre R, Alagha N, V, azquez Castro M A. Heuristic Algorithms for Flexible Resource Allocation in Beam Hopping Multi−Beam Satellite Systems. 29th AIAA International CommunicationsSatellite Systems Conference. 2011.

[14] LEI J, CASTRO M A V. Frequency and time−space duality study for multi−beam satellite communications. IEEE International Conference on Communications. 2010 : 56−61.

[15] ALBERTI X, CEBRIAN J M, BIANCO A D, et al. System capacity optimization in time and frequency for multi−beam satellite systems. Advanced Satellite Multimedia Systems Conference and the 11 th Signal Processing for Space Communications Workshop. 2010: 226−233.

[16] ALEGRE−GODOY R, ALAGHA N, VAZQUEZ−CASTRO M A. Offered capacity optimization mechanisms for multi−beam satellite systems[J]. IEEE International Conference on Communications. 2012: 3180−3184.

[17] ALEGRE R, ALAGHA N, VAZQUEZ−CASTRO M. Heuristic algorithms for flexible resource allocation in beam hopping multi−beam satellite systems[J]. AIAA International Communications Satellite Systems Conference. 2011: 45−60.

[18] 冯琦, 李广侠, 冯少栋. 宽带多媒体卫星通信系统 "跳波束" 技术研究[C]. 卫星通信学术年会. 2012: 193−200.

[19] 王琳, 张晨, 王显煜, 等. 基于多波束卫星系统的跳波束技术研究[J]. 南京邮电大学学报（自然科学版）, 2019, 39（3）: 25−30.

[20] Richard C. Reinhart. Using international space station for cognitive system research and technology with space−based reconfigurable software defined radios[C], 66th International Astronautical Congress, Israel, 2015.

[21] P. Barsocchi, N. Celandroni, Radio Resource Management across Multiple Protocol Layers in Satellite Networks: A Tutorial Overview, International Journal of Satellite Communication

Network, Vol. 23（5）2005, pp. 265–305.

[22]Peter B. de Selding. Eutelsat, ESA Taking a 'Quantum' Leap Toward Fully Software–defined Satellite. Spacenews, July 2015.

[23]肖飞，郑作亚，陆洲，等. 天地一体化信息网络应用需求和模式的研究方法探讨[J]. 中国电子科学研究院学报，2021，3：220–226，238.

[24]3GPP. TR 38. 821: Solutions for NR to Support Non–Terrestrial Networks （NTN）（Release 15）[R]，2018.

[25]3GPP. TR 38. 821: Solutions for NR to Support Non–Terrestrial Networks （NTN）（Release 16）[R]，2020.

[26]ITU–R. M. 2460, Key Elements for Integration of Satellite Systems into Next Generation Access Technologies[R]，2019.

[27]LIOLIS K，GEURTZ A，SPERBER R，et al. Use Cases and Scenarios of 5G Integrated Satellite–Terrestrial Networks for Enhanced Mobile Broadband: The SaT5G Approach[J]. International Journal of Satellite Communications and Networking，2019，37（2）：91–112.

[28]王静贤，张景，魏肖，等. 卫星5G融合网络架构与关键技术研究[J]. 无线电通信技术，2021，47（5）：528–534.